教育部高等学校电子信息类专业教学指导委员会规划教材

高等学校电子信息类专业系列教材·新形态教材

单片机原理及应用

深入理解51单片机体系结构、程序设计与Proteus仿真

（C语言版）

王博 编著

清华大学出版社

北京

内 容 简 介

本书系统介绍单片机基本原理、体系结构、接口技术和单片机C语言程序设计。内容包括五部分：第一部分为单片机基础，包括第1~3章，分别介绍单片机与嵌入式系统、单片机体系结构与存储结构。第二部分为单片机C语言程序设计，包括第4~6章，分别介绍C语言的数据类型与基本运算、程序控制语句和函数。第三部分为单片机片内资源程序设计，包括第7~10章，分别介绍单片机输入/输出、中断、定时/计数器和串行通信。第四部分为单片机扩展资源程序设计，包括第11~20章，分别介绍外部总线扩展、外部程序存储器、外部数据存储器、键盘、显示、可编程并行接口芯片8255A、定时/计数器8253/8254、数/模转换器（DAC）、模/数转换器（ADC）和IIC总线。第五部分为实验，包括第21章和第22章，第21章用一个应用实例介绍Proteus与Keil的联合调试，第22章安排22个基础实验帮助学生学习和理解单片机基本原理。

本书可作为高等学校电子信息类专业单片机课程教材，也可作为51系列单片机自学教材，还可作为嵌入式系统开发、大学生创新项目参考教材。

图书在版编目（CIP）数据

单片机原理及应用：深入理解51单片机体系结构、程序设计与Proteus仿真：C语言版/王博编著.
—北京：清华大学出版社，2022.3（2023.6重印）
高等学校电子信息类专业系列教材·新形态教材
ISBN 978-7-302-59236-5

Ⅰ.①单… Ⅱ.①王… Ⅲ.①单片微型计算机-C语言-程序设计-高等职业教育-教材
Ⅳ.①TP368.1 ②TP312.8

中国版本图书馆CIP数据核字(2021)第191724号

责任编辑：盛东亮　钟志芳
封面设计：李召霞
责任校对：时翠兰
责任印制：朱雨萌

出版发行：清华大学出版社
　　　　　网　　　址：http://www.tup.com.cn，http://www.wqbook.com
　　　　　地　　　址：北京清华大学学研大厦A座　　　邮　　编：100084
　　　　　社　总　机：010-83470000　　　　　　　　邮　　购：010-62786544
　　　　　投稿与读者服务：010-62776969，c-service@tup.tsinghua.edu.cn
　　　　　质量反馈：010-62772015，zhiliang@tup.tsinghua.edu.cn
　　　　　课件下载：http://www.tup.com.cn，010-83470236
印　装　者：三河市铭诚印务有限公司
经　　　销：全国新华书店
开　　　本：186mm×240mm　　印　张：21　　　　　字　　数：472千字
版　　　次：2022年4月第1版　　　　　　　　　　印　　次：2023年6月第2次印刷
印　　　数：1501~2300
定　　　价：69.00元

产品编号：092376-01

序
FOREWORD

　　我国电子信息产业销售收入总规模在 2013 年已经突破 12 万亿元,行业收入占工业总体比重已经超过 9％。电子信息产业在工业经济中的支撑作用凸显,更加促进了信息化和工业化的高层次深度融合。随着移动互联网、云计算、物联网、大数据和石墨烯等新兴产业的爆发式增长,电子信息产业的发展呈现了新的特点,电子信息产业的人才培养面临着新的挑战。

　　(1) 随着控制、通信、人机交互和网络互联等新兴电子信息技术的不断发展,传统工业设备融合了大量最新的电子信息技术,它们一起构成了庞大而复杂的系统,派生出大量新兴的电子信息技术应用需求。这些"系统级"的应用需求,迫切要求具有系统级设计能力的电子信息技术人才。

　　(2) 电子信息系统设备的功能越来越复杂,系统的集成度越来越高。因此,要求未来的设计者应该具备更扎实的理论基础知识和更宽广的专业视野。未来电子信息系统的设计越来越要求软件和硬件的协同规划、协同设计和协同调试。

　　(3) 新兴电子信息技术的发展依赖于半导体产业的不断推动,半导体厂商为设计者提供了越来越丰富的生态资源,系统集成厂商的全方位配合又加速了这种生态资源的进一步完善。半导体厂商和系统集成厂商所建立的这种生态系统,为未来的设计者提供了更加便捷却又必须依赖的设计资源。

　　教育部 2012 年颁布了新版《高等学校本科专业目录》,将电子信息类专业进行了整合,为各高校建立系统化的人才培养体系,培养具有扎实理论基础和宽广专业技能的、兼顾"基础"和"系统"的高层次电子信息人才给出了指引。

　　传统的电子信息学科专业课程体系呈现"自底向上"的特点,这种课程体系偏重对底层元器件的分析与设计,较少涉及系统级的集成与设计。近年来,国内很多高校对电子信息类专业课程体系进行了大力度的改革,这些改革顺应时代潮流,从系统集成的角度,更加科学合理地构建了课程体系。

　　为了进一步提高普通高校电子信息类专业教育与教学质量,贯彻落实《国家中长期教育改革和发展规划纲要(2010—2020 年)》和《教育部关于全面提高高等教育质量若干意见》(教高〔2012〕4 号)的精神,教育部高等学校电子信息类专业教学指导委员会开展了"高等学校电子信息类专业课程体系"的立项研究工作,并于 2014 年 5 月启动了"高等学校电子信息类专业系列教材"(教育部高等学校电子信息类专业教学指导委员会规划教材)的建设工作。

其目的是为推进高等教育内涵式发展，提高教学水平，满足高等学校对电子信息类专业人才培养、教学改革与课程改革的需要。

本系列教材定位于高等学校电子信息类专业的专业课程，适用于电子信息类的电子信息工程、电子科学与技术、通信工程、微电子科学与工程、光电信息科学与工程、信息工程及其相近专业。经过编审委员会与众多高校多次沟通，初步拟定分批次(2014—2017年)建设约100门课程教材。本系列教材将力求在保证基础的前提下，突出技术的先进性和科学的前沿性，体现创新教学和工程实践教学；将重视系统集成思想在教学中的体现，鼓励推陈出新，采用"自顶向下"的方法编写教材；将注重反映优秀的教学改革成果，推广优秀的教学经验与理念。

为了保证本系列教材的科学性、系统性及编写质量，本系列教材设立顾问委员会及编审委员会。顾问委员会由教指委高级顾问、特约高级顾问和国家级教学名师担任，编审委员会由教育部高等学校电子信息类专业教学指导委员会委员和一线教学名师组成。同时，清华大学出版社为本系列教材配置优秀的编辑团队，力求高水准出版。本系列教材的建设，不仅有众多高校教师参与，也有大量知名的电子信息类企业支持。在此，谨向参与本系列教材策划、组织、编写与出版的广大教师、企业代表及出版人员致以诚挚的感谢，并殷切希望本系列教材在我国高等学校电子信息类专业人才培养与课程体系建设中发挥切实的作用。

吕志伟 教授

前 言
PREFACE

　　将计算机系统的基本组成单元集成于单个芯片内,即使算不上一个划时代的革命,也应该是一个划时代的创新,正是这种被称为单芯片计算机的产品,使计算机以一种被定义为嵌入式系统的形态渗透进现代社会和生活的每个角落。据最新统计,在每年出货的 CPU 中,有 96％以上为嵌入式系统使用的单芯片计算机,而人们最熟悉的 PC(个人计算机)及其他小型机、中型机、大型机及超级计算机所用 CPU 仅占 4％左右。

　　单片机具有体积小、功耗低、价格低、易于开发的特点,尤其适合作为控制器嵌入工业控制、家电产品、智能仪表、汽车电子、手持设备等系统中,构成嵌入式系统。伴随着在消费电子、汽车电子、网络通信、工业控制、航空航天等领域的广泛应用,嵌入式系统已成为计算机应用的热点。

　　MCS-51 系列单片机以其基本功能完备、支持厂家众多、技术文档齐备、应用实例丰富、复杂程度适度等优势,成为我国电子信息类专业嵌入式系统开发与设计学习的基本机型。

　　本书基于通用的 AT89C51 和较流行的嵌入式系统程序设计语言 C51,介绍单片机系统结构、片内与扩展资源 C 语言程序设计及系统开发。

　　本书共分五部分,内容包括 MCS-51 系列单片机的体系结构与存储结构、单片机 C 语言程序设计、片内资源程序设计、扩展资源程序设计和实验,系统介绍单片机的基本原理及系统软硬件设计,希望读者以本书为起点,从理论到实践,了解嵌入式系统设计与开发的基本原理、基本流程和基础技能,进入嵌入式系统开发与设计领域,为自己的职业生涯拓展一片新天地。

　　在此说明一下,由于本书相关电路图由 Proteus 7.0 绘制,因此器件符号遵循国际规范。

　　由于编者水平有限,书中难免有疏漏和不足之处,恳请读者批评指正!

编　者

2022 年 1 月

教学建议
TEACHING SUGGESTIONS

教学内容		学习要点及教学要求	课时安排	
			全部	部分
第一部分 单片机基础	第 1 章 单片机与嵌入式系统	• 了解单片机及嵌入式系统的技术特点、应用领域及产品类别； • 了解单片机开发流程、开发环境及交叉编译； • 了解 RISC 和 CISC 的区别； • 了解普林斯顿与哈佛存储结构	1	1
	第 2 章 体系结构	• 了解单片机的基本特性； • 了解单片机内部结构及基本组成单元； • 理解单片机引脚定义及功能； • 理解单片机基本工作方式； • 掌握时序及时钟电路的设计； • 理解 I/O 端口逻辑结构、特性及工作过程	3~4	2~3
	第 3 章 存储结构	• 理解哈佛存储结构的基本原理、技术特性； • 掌握程序存储器地址范围，理解硬中断跳转的工作原理及跳转过程； • 掌握片内数据存储区地址分布、工作寄存器组使用要求、字节地址和位地址； • 理解特殊功能寄存器 PC、DPTR、PSW、SP 的定义、作用和使用方法； • 掌握最小系统设计及编程	1	0~1

教学内容		学习要点及教学要求	课时安排	
			全部	部分
第二部分 单片机C语言程序设计	第4章 数据类型与基本运算	• 了解 C51 特点及程序结构； • 理解基本数据类型与存储类型的定义； • 理解 SFR 与位变量 bit； • 熟练掌握算术运算、逻辑运算和关系运算； • 理解强制类型转换的两种方式； • 熟练掌握位操作与复合运算； • 了解构造数据类型的定义和调用； • 理解数组和指针的定义和应用； • 了解 typedef 作用及应用	1	0~1
	第5章 程序控制语句	• 了解 C 语言程序基本结构； • 熟练掌握选择语句 if 和 switch 的定义及编程； • 熟练掌握利用 while 语句、do while 语句和 for 语句设计循环体的编程方法； • 理解 break、continue 和 goto 语句的执行过程和程序设计方法； • 熟练掌握程序控制语句的程序设计要点	1	0~1
	第6章 函数	• 理解模块化程序设计的基本理念和基本方法； • 熟练掌握函数定义、声明及调用的原理、作用及程序设计方法； • 熟练掌握利用数组和地址进行多值传递的设计方法	1	0~1
第三部分 片内资源程序设计	第7章 输入/输出	• 理解 P0、P1、P2、P3 逻辑结构及工作特性，熟练掌握利用 I/O 进行按键、显示驱动接口与程序设计方法； • 掌握光隔离的原理和常用器件的使用； • 掌握利用缓冲器、锁存器和移位寄存器进行 I/O 端口设计的基本原理、接口设计和程序设计	2~3	2
	第8章 中断	• 理解中断的原理及中断处理过程，掌握中断处理程序的运行机理及设计、调试方法； • 熟练掌握查询中断的原理和程序设计； • 熟练掌握利用锁存器、缓冲器及编码器进行中断源扩展的方法	2~3	2
	第9章 定时/计数器	• 了解片内定时/计数器的基本特性； • 掌握控制寄存器的定义； • 理解定时/计数器初始化步骤和定时/计数初值计算方法； • 掌握定时/计数器级联接口设计及程序设计	2	2
	第10章 串行通信	• 理解同步通信与异步通信的基本特性； • 熟练掌握串口通信控制寄存器定义及使用； • 理解串行通信工作方式及特性； • 熟练掌握单片机双机通信过程及程序设计； • 熟练掌握单片机与 PC 通信程序设计； • 熟练掌握多机通信的原理、步骤和程序设计	2~3	2

续表

教学内容		学习要点及教学要求	课时安排	
			全部	部分
第四部分 扩展资源程序设计	第11章 外部总线扩展	• 熟练掌握外部总线扩展时序与扩展信号； • 理解总线扩展常用器件工作原理、特性、接口设计及程序设计； • 熟练掌握地址译码器138、154和139工作特性、设计电路和程序设计	2	1
	第12章 外部程序存储器	• 熟练掌握外部程序存储器扩展特性与时序； • 理解外部程序存储器扩展常用器件工作原理、特性、接口设计及程序设计； • 熟练EPROM、EEPROM和Flash存储器工作特性、设计电路和程序设计	1	1
	第13章 外部数据存储器	• 熟练掌握外部数据存储器扩展特性与时序； • 理解外部数据存储器扩展常用器件工作原理、特性、接口设计及程序设计； • 熟练SRAM、DRAM工作特性、设计电路和程序设计	1	1
	第14章 键盘	• 理解按键设计基本原理； • 熟练掌握独立键盘与矩阵键盘工作原理、结构和程序设计方法； • 理解按键解码芯片74C922接口设计及程序设计方法	1	1
	第15章 显示	• 理解LED显示器件内部结构、工作原理、接口设计及程序设计； • 熟练掌握动态显示原理及接口与程序设计； • 熟练掌握LCD1602引脚定义、工作时序、指令集，熟练掌握LCD1602接口设计及程序设计方法； • 熟练掌握串行LCD1602接口及程序设计	2～3	2
	第16章 可编程并行接口芯片8255A	• 理解并行I/O扩展的一般原理； • 理解8255A逻辑结构、端口地址定义； • 熟练掌握8255A工作方式及方式控制字的定义； • 掌握利用8255A进行键盘、显示及打印机接口和程序设计	2	2
	第17章 定时/计数器 8253/8254	• 理解软件延时与硬件延时的作用及应用； • 理解8253/8254内部结构、端口定义； • 理解8253/8254工作方式特点，熟练掌握利用控制寄存器对8253/8254工作方式的管理和控制； • 理解用8253/8254设计程序看门狗的原理、接口设计与程序设计	2	2

续表

教学内容		学习要点及教学要求	课时安排	
			全部	部分
第四部分 扩展资源程序设计	第18章 数/模转换器（DAC）	• 理解 DAC 技术参数及连接特性； • 熟练掌握 DAC0832 工作原理、工作方式、接口设计及程序设计，熟练掌握 DAC0832 多模拟同步量输出接口及程序设计方法； • 理解 12 位 DAC AD7521 逻辑结构、接口设计及程序设计	2	1～2
	第19章 模/数转换器（ADC）	• 理解 ADC 技术参数及连接特性； • 熟练掌握 ADC0809 工作原理、工作方式、接口设计及程序设计，熟练掌握 ADC0809 接口及程序设计方法； • 理解 12 位 ADC AD574 逻辑结构、接口设计及程序设计	2	1～2
	第20章 IIC 总线	• 了解 IIC 总线基本特性及通信规约； • 理解 IIC 读写基本信号时序； • 熟练掌握 AT24CXX 系列 EEPROM 的读写操作时序、接口设计和程序设计	2	1～2
第五部分 实验	第21章 Proteus 与 Keil 联合调试	• 熟练掌握利用 Proteus 进行原理设计的步骤和方法； • 熟练掌握利用 Keil μVision 进行程序设计的步骤和方法； • 熟练掌握 Proteus 和 Keil μVision 联合调试的方法和步骤	0	0
	第22章 基础实验	• I/O 端口实验； • 外部中断实验； • 定时/计数器实验； • 双机串口通信； • 4 路串行通信扩展； • 8255A 扩展 I/O 口； • 74HC164 扩展并行输出口； • 74HC165 扩展并行输入接口； • 双 LCD1602 显示； • 矩阵键盘； • 直流电机； • ADC0809； • DAC0832； • IIC 总线； • 分时通信与显示； • USB 接口扩展； • 实时时钟（LCD1602＋DS1302）； • 和弦合成器； • 动态显示； • LED 点阵显示； • 分频器； • RS485 双机通信	0	0

续表

教学内容	学习要点及教学要求	课时安排	
		全部	部分
	教学总学时建议	33～38	24～32

说明：

1. 本教材为电子信息类本科专业"单片机原理与应用"或"单片机 C 语言程序设计"课程教材,理论授课学时数为 33～38 学时(相关配套实验另行单独安排),不同专业根据不同的教学要求和计划教学时数可酌情对教材内容进行适当取舍。例如,电子信息工程、通信工程、自动控制等专业,教材内容原则上全讲;其他专业,可酌情对教材内容进行适当删减。

2. 本教材理论授课学时数为 33～38 学时,其中包含习题课、课堂讨论等必要的课内教学环节。

3. 本教材安排的 22 个实验不在理论课学时内,建议学生在课外时间完成。

目 录
CONTENTS

第二部分 单片机 C 语言程序设计

第三部分　片内资源程序设计

第四部分　扩展资源程序设计

第五部分 实　　验

第一部分　单片机基础

　　本部分既是单片机系统的硬件基础,也是嵌入式系统学习的入门基础。介绍单片机系统结构与基本组成、存储结构,系统讲述单片机内部寄存器组及特殊功能寄存器,使学生掌握程序存储器、数据存储器地址分布、读写时序和读写操作,理解基本 I/O 端口结构与应用接口设计。

　　本部分包括:

　　第 1 章　单片机与嵌入式系统

　　本章简要介绍嵌入式系统学习中的几个基本概念及基本原理,包括微型计算机系统、单片机的技术特点、嵌入式系统、复杂指令集(CISC)与精简指令集(RISC)、嵌入式系统开发环境与交叉编译等。

　　第 2 章　体系结构

　　本章是单片机学习的重点和难点,是单片机系统设计的基础。介绍单片机内部逻辑结构、基本组成单元、工作方式、输入/输出端口结构与工作过程,讲述单片机基本工作电路的部结构、工作原理及应用设计。

　　第 3 章　存储结构

　　本章介绍单片机程序存储器基本特性及中断的硬跳转原理,讲述片内数据存储器的结构、地址分布及特殊功能寄存器。

单片机与嵌入式系统

1.1 嵌入式系统

将计算机基本组成单元集成在一个芯片上,是嵌入式系统的硬件基础。单片机的出现将计算机应用扩展到了消费电子、仪器仪表和检测与控制领域。

1.1.1 单片机与嵌入式系统

计算机系统由中央处理单元(CPU)、数据存储器(RAM)、程序存储器(ROM)、输入/输出接口以及系统总线构成。在微型计算机系统中,这些组成单元被集成为若干集成芯片或模块,组合安装在主板上,形成完整的计算机系统,简称微机系统。在单片机系统中,这些组成单元被集成在一片集成电路芯片中,称为单芯片计算机,简称单片机。

单片机具有体积小、功耗低、价格低、易于开发的特点,尤其适合作为控制器嵌入工业控制、家电产品、智能仪表、汽车电子、手持设备等系统中,构成嵌入式系统。伴随着在消费电子、汽车电子、网络通信、工业控制、航空航天等领域的广泛应用,嵌入式系统已成为计算机应用的热点。

嵌入式系统根据其内核嵌入的微处理器性能不同而应用于不同领域。在系统简单、速度慢、成本低等中低性能领域,采用以 MCS-51 为代表的 8 位机为主。在 PDA、手机、路由器、视频编解码器、图像处理等复杂高性能领域,采用以 ARM 为内核的 32 位机为主。

1.1.2 存储结构

嵌入式计算机系统存储结构有别于通用微机存储结构。

1. 普林斯顿结构

普林斯顿结构也称为冯·诺伊曼结构,如图 1-1 所示。程序存储器和数据存储器在物理上是同一个存储器,如 PC 中的主存储器 RAM,根据使用需要,把内存划分为程序存储区和数据存储区,取指令和取数据通过相同的地址总线和数据总线进行。以 Intel 80x86 CPU 为核心的微机系统是典型的普林斯顿存储结构计算机。

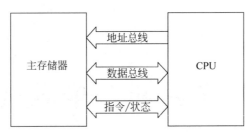

图 1-1　普林斯顿结构

2. 哈佛结构

哈佛存储结构如图 1-2 所示。程序存储器和数据存储器在物理上是两个相互独立的单元，它们共用地址总线和数据线，但具有各自独立的读写控制指令。程序存储器采用非易失性存储器 EPROM、EEPROM 和 Flash 存储器，数据存储器采用易失性存储器 SRAM、DRAM 和 SDRAM。嵌入式系统普遍采用哈佛存储结构。

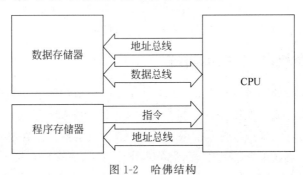

图 1-2　哈佛结构

1.1.3　CISC 和 RISC

指令集是 CPU 设计的核心，CISC 和 RISC 是两种不同设计理念的产物。

1. CISC

CISC(Complex Instruction Set Computer，复杂指令集系统)是 CPU 指令集向后兼容的必然结果，具有完备而复杂的机器指令集合。复杂指令集 CPU 的复杂性在于微控制器的设计与实现，具有不等长指令编码及不固定的指令周期，程序设计方便，代码量小。

2. RISC

RISC(Reduced Instruction Set Computer，精简指令集系统)是 CISC 指令集精简优化的子集，只包含使用频率高的少量指令(约占总指令数的 20%)，配备大量通用寄存器，强调对指令流水线的优化，寻址方式少且简单。精简指令集 CPU 具有等长指令编码和单一指令周期，其复杂性在于编译程序和优化。

随着计算机技术的发展，CISC 和 RISC 在理念上相互借鉴，逐步趋同。RISC 设计正变得越来越复杂，而 CISC 在微处理器内部采用 RISC 架构，把复杂的指令由微程序通过多条精简指令来实现。

1.1.4 分类与应用

嵌入式系统与通用计算机系统相比具有不同的技术要求和发展方向。通用计算机系统需要运算速度、总线速度的提升和存储容量的扩大,而嵌入式系统是以与控制对象密切相关的嵌入特性(体积、功耗、成本)、控制能力及可靠性为目标。

1. 嵌入式微处理器(MPU)

嵌入式微处理器的硬件基础是计算机中的微处理器。根据具体应用需求,将微处理器及其必备的 ROM、RAM、总线及外设接口装备在专门设计的印制电路板(Printed Circuit Board,PCB)上,以减小体积、功耗和成本,并且在系统散热、电磁兼容性、可靠性方面做特殊处理。因为其处理器、存储器、接口设计在一块 PCB 上,所以嵌入式微处理器也称为单板机。

2. 嵌入式微控制器(MCU)

以经过性能与功能裁剪的微处理器为核心,以满足某种特定的嵌入式控制需求为目的,将微处理器及其必备的 ROM、RAM、总线及外设接口集成在一个芯片上,成为单芯片计算机,从而使体积、功耗、成本大幅度降低,可靠性提高。

1980 年,Intel 推出 MCS-51 系列 8 位单芯片计算机,奠定了嵌入式系统的典型结构体系和应用模式。

随着超大规模集成电路工艺和集成制造技术的不断发展,出现了 8 位的 MCS-51、Z80、uPD78、MC68HC 系列,16 位的 MCS-96/98、M68HC16、NEC783 系列,32 位的 ARM、M68300、NECSH 系列等。

3. 数字信号处理器(DSP)

数字信号处理器(DSP)是嵌入式系统在信号处理领域的应用。随着嵌入式系统的智能化和网络化,具有智能化功能的产品(智能家电、智能家居终端、智能仪器仪表、图像图形处理、实时语音压缩/解压缩、虚拟现实、人工智能等)不断出现,使嵌入式系统从以控制为主向以信号处理为主、控制为辅的方向发展。嵌入式 DSP 有两个技术来源:一是以德州仪器(TI)为核心的 DSP 生产商,将 DSP 处理器单芯片化,增加片上资源和外围接口,成为嵌入式 DSP 处理器;二是原来的单片机生产商在单片机中增加信号处理协处理器(如 Intel MCS-296),成为具有 DSP 能力的单片机。

4. SoC

SoC(System on Chip,片上系统)是高度集成化、固件化的系统集成技术,其核心思想是针对具体应用需求,从系统的整体功能和性能出发,用软硬结合的设计方法,把整个系统集成在一个芯片中。各种微处理器内核作为 SoC 设计的标准器件,用标准的硬件描述语言 VHDL 来描述,尽可能地将整个嵌入式系统集成到一片或几片集成电路芯片中。

SoC 采用芯片内部信号传输,大幅度降低功耗、体积和生产成本,提高系统性能和可靠性。

1.2　交叉编译

作为嵌入式系统的控制器的单片机，不管是 8 位、16 位还是 32 位，由于受到其本身资源限制，应用程序均不能在其自身上开发，而需要一台具有高性能和高配置的通用计算机，如常用的 PC 和 Windows 操作系统，256MB 以上内存＋1GB 以上硬盘，安装专用的开发平台（Keil μVision、MDK 等），这样的通用计算机称为宿主机，嵌入式控制器的单片机称为目标机。应用程序在宿主机上开发，在目标机上运行，这种开发方式称为交叉编译。宿主机和目标机通过通信口（RS232/USB/并口）相连，调试好的程序可从宿主机下载（称为烧录或编程或固化）到目标机。

程序固化是单片机开发的最后一步，之后目标机（单片机）就可以独立执行嵌入式控制器的工作。

1.3　产品系列

嵌入式系统以满足特定需求为目标，以经过性能和功能裁剪的微处理器为核心，形成了众多系列产品。

1.3.1　MCS-51 系列

以控制为主，主要应用于数据处理量小而简单、速度要求在微秒级（指令周期几微秒或者十几微秒）、功耗低（工作电流在毫安级）、成本低（成本低于 10 美元）等场合，大多采用以 MCS-51 为代表的 8/16 位单片机，并以 8 位机为主。

目前主要 8/16 位机系列包括以下系列。

（1）PIC 系列：美国微芯片公司（Microchip）研制生产，采用哈佛总线结构、二级流水作业、精简指令系统以及多种内嵌模块（WDT、ADC、CCP 模块等）。

（2）AVR 系列：美国 Atmel 公司研制生产，一种高性能、高速度和低功耗产品，常见的有 TA90 系列。

（3）MCS-51 系列：美国 Intel 公司研制生产，应用最为广泛、最成熟的产品。配套的各种开发系统非常丰富，开发出多种系列产品。其中 AT89 系列为国内 8/16 单片机主流系列产品。

1. AT89 系列基本特性

AT89 系列单片机是美国 ATMEL 公司研制生产的 8 位 Flash 系列单片机，与 Intel 公司生产的 MCS-51 兼容，是目前国内单片机开发主流单片机。具有如下特点：

（1）片内含有 Flash 程序存储器，可实现在系统编程。

（2）软硬件全面兼容 MCS-51 系列单片机。

（3）具有静态时钟方式，功耗降低，适合嵌入式及便携式系统。

（4）Flash 程序存储器可以多次快速擦写，适合学习、开发。

（5）是目前国内最流行的单片机系列。

2．AT89 系列产品

标准型：程序存储器由 EPROM 升级到 Flash 工艺，基本特性与 MCS-51 相同。AT89 标准型系列产品见表 1-1。

表 1-1　AT89 标准型系列产品

型号	ROM/RAM	中断源/定时器	其他
AT89C51	4KB+128B	5/2	
AT89LV51	4KB+128B	5/2	低电压
AT89C52	8KB+256B	8/3	
AT89LV52	8KB+256B	8/3	低电压
AT89C55	20KB	8/3	
AT89LV55	20KB	8/3	低电压

低配置型：除 I/O 端口减少外，其他配置同 AT89C51，采用 DIP20 封装。AT89 低配置型系列产品见表 1-2。

表 1-2　AT89 低配置型系列产品

型号	ROM/RAM	中断源/定时器	其他
AT89C1051	1KB+64B	3/2	无串口
AT89C2051	2KB+128B	5/2	

高配置型：在标准型的基础上增加了功能模块。Flash 程序存储器可通过 SPI 串行接口实现在线编程，具备看门狗、双数据指针。AT89 高配置型系列产品见表 1-3。

表 1-3　AT89 高配置型系列产品

型号	ROM/RAM	中断源	其他
AT89S53	12KB+128B	9	
AT89S8252	8KB+128B	9	2KB EEPROM
AT89S4D12	4KB+128B	9	Flash RAM

1.3.2　ARM 系列

随着嵌入式系统与 Internet 的结合，PDA、智能手机、路由器、调制解调器等应用不断出现，对嵌入式系统在信号处理能力、运算速度、通信时延等方面提出了更高要求，其代表为以具有 32 位精简指令系统（RISC）的 ARM 微处理器为核心的嵌入式系统，如意法半导体（ST）的 STM32 系列和韩国三星（Samsung）的 S3C2410 系列，其中 STM32 为目前国内主流系列产品。

STM32 为基于 ARMCM3 内核的微控制器产品系列，在 2007 年由意法半导体（STMicroelectronics）公司发布。STM32 提供了一个完整的 32 位产品系列，在保持高性能、低功耗、低电压的同时，继续保持高度的系统集成性和易开发性。STM32 具有完整的产业开发支持环境，包括免费的标准软件库、评估板和开发套件。

目前 STM32 主要应用于 PDA、路由器、调制解调器、网卡、通信等高速低功耗的高端应用。

1.3.3　TMS320 系列

数字滤波、谱分析、快速傅立叶变换等信号处理算法正越来越多地应用于嵌入式系统，DSP 应用从通用单片机中以普通运算指令实现 DSP 功能发展到嵌入式 DSP 处理器阶段。主流产品包括德州仪器（TI）的 TMS320C2000 和 TMS320C5000 系列，其中 C2000 系列主要应用于工业控制，C5000 系列主要应用于移动通信。

习题

1. 计算机如何改变我们的生活？
2. 简述嵌入式计算机系统与 PC 系统的异同。
3. 简述嵌入式系统开发过程。
4. CISC 与 RISC 的区别是什么？

第 2 章

体 系 结 构

本章以 AT89C51 为模型机,介绍 MCS-51 系列单片机体系结构。

2.1　基本特性

AT89C51 为目前国内最为流行的 51 系列单片机,片内基本资源如下。

内部程序存储器(ROM):4KB。

内部数据存储器(RAM):256B。

寄存器组:4 个寄存器组,每组有 R0~R7 8 个 8 位工作寄存器。

8 位并行 I/O 端口:P0、P1、P2 和 P3。

定时/计数器:2 个 16 位定时/计数器 T/C0、T/C1。

串行通信端口:一个全双工串行端口,RXD 接收、TXD 发送。

中断系统:5 个中断源,定时/计数器 T/C0 和 T/C1、外部中断 INT0 和 INT1,串行通信中断 ES。

系统扩展能力:可扩展 64KB 程序存储器(ROM)和 64KB 数据存储器(RAM)。

堆栈:设在 RAM 单元,位置可以浮动,通过指针 SP 确定堆栈在 RAM 中的位置,系统复位时 SP=07H。

指令系统:共 111 条汇编语言指令,按功能分为数据传送、算术运算、逻辑运算、控制转移和布尔操作 5 大类。

2.2　内部结构

系统内部结构见图 2-1。

系统由中央处理单元(CPU)、程序存储器(ROM)、数据存储器(RAM)、时序电路、并行端口、串行端口、中断系统及系统总线组成。

1. CPU

CPU 为整个系统的控制中心,由控制器和运算器(ALU)组成。其中控制器包括微程序控制器、程序计数器(PC)、指令寄存器(IR)、指令译码寄存器(ID)、定时与控制单元。

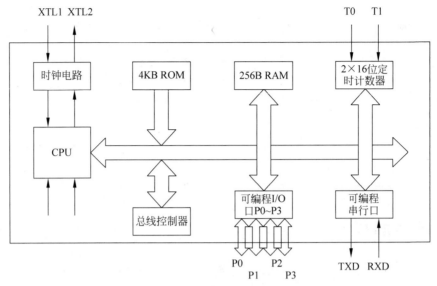

图 2-1   内部结构

运算器包括算术和逻辑运算单元(ALU)、累加器(ACC)、暂存器(B)、程序状态字(PSW)寄存器,实现算术和逻辑运算。

程序计数器(PC):16 位程序计数器,可寻址空间 64KB。存放待执行指令在程序存储器中的存放地址。

指令寄存器(IR):存放取指周期取出的当前指令。

指令译码寄存器(ID):对来自 IR 的指令进行译码,产生与二进制指令代码相应的控制信号。

数据指针寄存器(DPTR):16 位数据指针寄存器,可寻址外部数据存储区,也可寻址外部程序存储区的数据表格。

程序状态字(PSW):8 位寄存器,记录当前运算器的状态信息,各位定义见表 2-1。

表 2-1   PSW 定义

D7	D6	D5	D4	D3	D2	D1	D0
CY	AC	F0	RS1	RS0	OV	—	P
进位	半进位	自定义	寄存器组选择		溢出		奇偶

CY:进位标志。当运算器最高位有进位/借位时,CY=1;否则,CY=0。

AC:半进位标志。当运算器 D3 有进位/借位时,AC=1;否则,AC=0。

F0:用户自定义标志位。

RS1/RS0:当前寄存器组选择标志位,见表 2-2,具体内容参见片内数据存储器(RAM)部分。

表 2-2　工作寄存器组定义

RS1	RS0	当前寄存器组
0	0	0 组(字节地址:00H~07H)
0	1	1 组(字节地址:08H~0FH)
1	0	2 组(字节地址:10H~17H)
1	1	3 组(字节地址:18H~1FH)

P:奇偶校验位。当累加器中 1 的个数为奇数个时,P=1;否则,P=0。

2．存储器

与 80x86 系列微机不同,MCS-51 采用哈佛结构组织存储器,程序存储器与数据存储器在物理上是两个相互独立的单元,二者有独立的控制信号、指令和寻址方式。I/O 端口与数据存储器统一编址,内部寄存器和端口映射在片内数据存储单元,与内部数据存储器有相同的访问时序和访问指令。

3．时钟

产生系统工作所需要的时序信号,在取指周期,控制系统各单元从程序存储器中取出指令;在指令执行周期,控制系统各单元执行指令所指定的操作。

4．定时/计数器

片内有 2 个 16 位定时/计数器 T/C0 和 T/C1,用于定时/计数控制。T/C1 可用于产生串行通信所需波特率信号。

5．可编程 I/O 并行端口

片内提供 P0、P1、P2、P3 4 个 8 位并行 I/O 端口,每个引脚可独立用于输入/输出,是系统主要的数据传输和输入/输出控制引脚。

6．可编程串行端口

片内提供一路 TTL 电平全双工串行通信端口,实现与其他设备的通信。

7．中断系统

提供 5 个中断源,包括 2 个外部硬件中断、2 个定时/计数器中断和 1 个串行通信中断。片内具有中断管理寄存器,实现中断优先权、屏蔽/允许、中断标志等功能管理。

2.3　封装与引脚

40 脚 DIP 封装及引脚如图 2-2 所示。

1．电源引脚及晶振

VDD(40):电源端。

VSS(20):接地端。

XTAL1(19)/XTAL2(18):片内振荡器反相放大器输入/输出端,产生系统时钟信号。

2．输入/输出

P0 端口(32~39):8 位并行 I/O 端口,开漏输出,可作为 8 位双向 I/O 口使用。在系统扩展时,分时复用为 8 位外部数据总线 D[7..0]和 16 位外部地址线总线 AB 的低 8 位地址 A[7..0],可用 ALE 信号锁存。

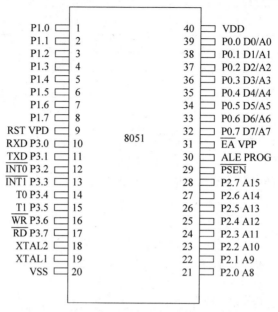

图 2-2　封装及引脚

P1 端口(1～8)：8 位双向 I/O 端口,读引脚时需要先写入 1。

P2 端口(21～28)：8 位并行 I/O 端口,可作为 8 位双向 I/O 端口使用。在系统扩展时, 作为 16 位外部地址线总线 AB 的高 8 位地址线 A[15..8]。

P3 端口(32～39)：8 位并行 I/O 端口,可作为 8 位双向 I/O 端口使用。具有第二功能, 见表 2-3。

表 2-3　P3 口第二功能

P3 引脚	第二功能
P3.0	串行通信 RXD
P3.1	串行通信 TXD
P3.2	外部中断 $\overline{INT0}$
P3.3	外部中断 $\overline{INT1}$
P3.4	定时/计数器 0 计数脉冲输入
P3.5	定时/计数器 1 计数脉冲输入
P3.6	外部数据存储器写信号 $\overline{WR}$
P3.7	外部数据存储器读信号 $\overline{RD}$

3. 控制引脚

ALE/PROG(30)：地址锁存允许。访问外部存储器时,ALE 用于锁存 P0 口作为 16 位地址总线 AB 的低 8 位地址线 A[7..0]。Flash 存储器编程时,用于输入编程脉冲 PROG。

$\overline{PSEN}$(29):外部程序存储器读选通信号。

$\overline{EA}$/VPP(31):外部程序存储器访问选择端。当 $\overline{EA}=0$ 时,CPU 从外部 ROM 的 0000H 单元开始执行程序。当 $\overline{EA}=1$,CPU 从内部 ROM 的 0000H 单元执行程序,当程序长度超过 4KB 时会自动转向外部程序存储器 ROM 的 1000H 单元。

RST(9):系统复位。

2.4 工作方式

有复位、程序运行、单步、低功耗多种工作方式。

2.4.1 复位

复位引脚 RST 持续 24 个振荡周期的高电平使系统复位,进入复位工作方式。

在复位状态下,程序计数寄存器 PC=0000H,堆栈指针 SP=07H,SFR 内容清 0,P0~P3 输出全 1。复位操作不影响内部数据存储器(RAM)内容。

2.4.2 程序运行

程序运行方式是系统基本工作方式,程序可存放在片内 ROM 和片外 ROM。

当 $\overline{EA}=0$ 时,CPU 从外部 ROM 的 0000H 单元开始执行程序。当 $\overline{EA}=1$ 时,CPU 从内部 ROM 的 0000H 单元执行程序,当程序长度超过 4KB 时会自动转向外部 ROM 的 1000H 单元。

复位后程序计数器 PC=0000H,程序总是从程序存储器(ROM)的 0000H 单元开始运行程序。根据系统设计,在 0000H 单元存放有一条无条件转移语句 SJMP,使系统复位后直接跳转到主程序的入口地址,即主程序首地址。

2.4.3 单步

单步工作方式使程序的执行处于外部脉冲的控制下,一个脉冲执行一条指令,用于程序单步调试,可利用外部中断 $\overline{INT0}$ 实现。

设置 $\overline{INT0}$ 为低电平中断请求有效,保持为低。将按键操作产生的脉冲加到 $\overline{INT0}$ 端,按键按下时产生高电平。

在 $\overline{INT0}$ 中断处理程序中执行如下指令:

```
JNB P3.2, $      ; 若 INT0 = 0,循环,等待按键按下
JB P3.2, $       ; 若 INT0 = 1,循环,等待按键释放
RETI             ; 返回主程序
```

利用按键产生脉冲,加在 $\overline{INT0}$ 端,不按下为低电平,按下为高电平。

$\overline{INT0}$ 保持为低，即处于中断请求状态，触发 $\overline{INT0}$ 中断，执行中断处理程序。在中断处理程序中，执行第一条指令，等待按键按下，显示内部寄存器内容。当按键按下并释放后，返回主程序。

根据中断规定，从中断服务程序返回后，至少要执行一条指令才能重新进入中断。因此，返回主程序后，执行一条指令，显示内部存储器内容，又重新进入中断服务程序，实现程序的单步调试。

2.4.4 低功耗

系统有节电和掉电两种低功耗工作方式，由电源控制寄存器（PCON）控制，其定义见表 2-4。

表 2-4　PCON 寄存器定义

D7	D6	D5	D4	D3	D2	D1	D0
						PD	IDL

PD＝1，进入掉电工作方式。

IDL＝1，进入节电工作方式。

1. 节电工作方式

执行一条 IDL＝1 的指令使系统进入节电模式，CPU 时钟被切断，但时钟信号仍然提供给 RAM、定时器、中断系统和串行口，栈指针（SP）、程序计数器（PC）、程序状态字（PSW）、累加器（ACC）和通用寄存器内容保持。工作电流由正常工作时的 24mA 下降为 3.7mA。

中断请求和硬件复位可使系统退出节电工作方式。

中断方式：任一中断发生，IDL 被硬件复位，节电状态结束。中断返回时将回到进入节电方式时的指令的后一条指令，继续运行程序。

硬件复位：结束节电工作模式，系统进入复位状态。

2. 掉电工作方式

当 PD＝1 时，系统进入掉电模式，片内振荡器停止，时钟冻结，所有操作停止，片内 RAM 内容保持，SFR 内容被破坏。掉电方式下，VCC 可降到 2V，工作电流降为 50μA。

硬件复位使系统退出掉电模式，进入复位工作模式。

2.5　复位电路

复位引脚 RST 持续 24 个振荡周期的高电平为系统复位信号，当 $f_{osc}=6MHz$ 时，复位信号至少应持续 4μs 以上才能使系统复位。复位完成后应使 RST 保持低电平，否则系统循环复位。

复位后，07H 写入堆栈指针寄存器（SP），P0～P3 口置 1，允许输入，程序计数器（PC）和特殊功能寄存器(SFR)清零。复位操作不影响内部 RAM 内容。

当 RST 由高变低,系统由程序存储器(ROM)的 0000H 单元开始执行主程序。

1. 上电复位

上电复位电路如图 2-3 所示。

上电时,电容相当于开路,电源通过电阻对电容充电,充电曲线如图 2-4 所示。

$$u_C = 5(1 - e^{-\frac{t}{RC}})V$$

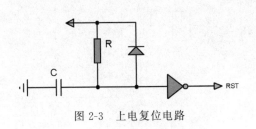

图 2-3　上电复位电路

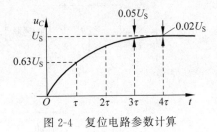

图 2-4　复位电路参数计算

在 $0 < u_C < 0.8V$ 区间,74LS04 输出高电平,使系统复位。根据系统复位要求,需要 24 个振荡周期的高电平为系统复位信号。当 $f_{osc} = 6MHz$ 时,复位信号至少应持续 $4\mu s$ 以上。根据充电特性曲线,可计算电路参数值。

2. 按键复位

按键复位电路见图 2-5,可根据电容充放电曲线计算按键复位电路参数。

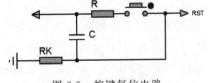

图 2-5　按键复位电路

2.6　时序

控制器在时钟脉冲驱动下,按照一定的时间顺序发出控制信号,控制各组成单元工作,完成某项基本操作,称为 CPU 工作时序。

2.6.1　时钟电路

时钟电路提供系统工作时钟信号,是控制器的基本构成单元。

1. 内部时钟

系统内部时钟见图 2-6。系统内部有一个高增益反相放大器,用于构成振荡器。反相放大器输入端为 XTAL1,输出端为 XTAL2。在 XTAL1 和 XTAL2 两端跨接石英晶体及两个电容构成稳定的自激振荡器。电容 C1 和 C2 通常都取 30pF,对振荡频率有微调作用。频率越高,工作速度越快,功耗越大,产生的高次谐波也会对系统内部的模拟电路产生干扰。

2. 外部时钟

可使用外部振荡脉冲信号,外部时钟见图 2-7。由 XTAL2 端引脚输入,直接送至内部时钟电路。XTAL2 逻辑电平与 TTL 电平不兼容,应接一个上拉电阻(5.1kΩ)。

外部时钟方式常用于多片单片机同时工作,便于系统同步。

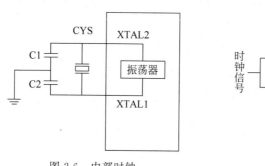

图 2-6　内部时钟

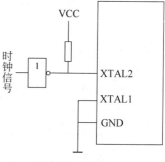

图 2-7　外部时钟

2.6.2　时序周期

系统基本时序周期包括以下几种。

(1) 振荡周期(P):振荡源的周期,若为内部时钟方式,则为石英晶体的振荡周期。

(2) 时钟周期(S):2 个振荡周期构成 1 个时钟周期,即 $S = P1 + P2$。

(3) 机器周期:6 个时钟周期构成 1 个机器周期,如图 2-8 所示。

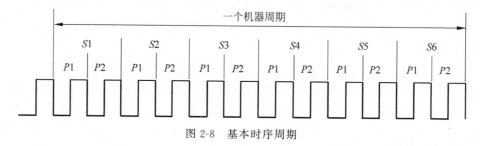

图 2-8　基本时序周期

(4) 指令周期:完成一条指令占用的全部时间称为指令周期。MCS-51 的指令周期包含 1～4 个机器周期。

若 $f_{OSC} = 6MHz$,则系统周期参数见表 2-5。

表 2-5　周期参数

振荡周期/μs	时钟周期/μs	机器周期/μs	指令周期/μs
1/6	1/3	2	2～8

2.7 输入/输出端口

共有 4 个 8 位并行双向 I/O 端口,分别定义为 P0、P1、P2 和 P3 口。各端口具有锁存、输出驱动和输入缓冲能力,基本特性见表 2-6。

表 2-6 输入/输出端口基本特性

端口	P0	P1	P2	P3
宽度/b	8	8	8	8
字节地址	80H	90H	A0H	B0H
位地址	80H~87H	90H~97H	A0H~A7H	B0H~B7H
引脚灌电流/mA	10	10	10	10
引脚拉电流/μA	50	50	50	50

P0、P1、P2 和 P3 口映射片内数据存储器的一个存储单元,分别占用地址 80H、90H、A0H 和 B0H,可以位寻址,每个 I/O 引脚都具有位地址。

2.7.1 P0 口

P0 口可作为一般 I/O 端口使用,在外部总线扩展时可作为地址线/数据线复用。

1. 逻辑结构

P0 口位逻辑结构见图 2-9,由输出锁存器、三态输入缓冲器、输出驱动电路及控制电路组成,工作状态受控制信号 C 控制。当 CPU 使控制信号 C=0 时,输出级上拉场效应管 T1 截止,输出级漏极开路,切换开关 MUX 连接输出锁存器,P0 口作一般输入/输出口使用。当 C=1 时,切换开关 MUX 连接反相器 3 输出端,P0 口分时作为地址/数据总线使用。

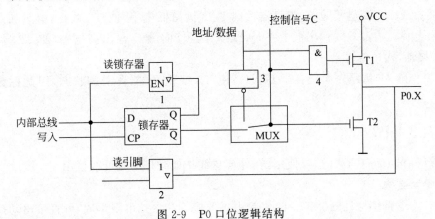

图 2-9 P0 口位逻辑结构

2．工作过程

P0 口既可作一般 I/O 端口使用，又可作地址/数据总线使用。

P0 口作为一般 I/O 端口输出时，输出级属开漏电路，必须外接上拉电阻。

P0 口作 I/O 端口输入时，须先向锁存器写入 1，使 T2 截止，然后才能读引脚状态，因此称为准双向 I/O 端口。

外部扩展时，P0 口分时复用为外部地址总线 AB 的低 8 位地址线 A[7..0]和外部数据总线 DB[7..0]。

2.7.2　P1 口

P1 口可作为一般 I/O 端口使用。

1．逻辑结构

P1 口位逻辑结构见图 2-10。输出级有内部上拉电阻与电源相连，当 P1 口输出高电平时向外提供拉电流。

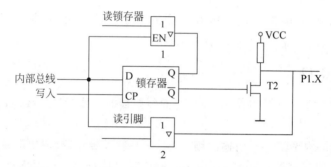

图 2-10　P1 口位逻辑结构

2．工作过程

内部总线输出高电平时，D 锁存器反向端 $\overline{Q}$ 输出低电平，使 T2 截止，引脚通过上拉电阻输出高电平。内部总线输出低电平时，D 锁存器反向端 $\overline{Q}$ 输出高电平，使 T2 导通，引脚通过 T2 接地，输出低电平。

P1 口作输入时，须先向锁存器写入 1，使 T2 截止，才能读引脚状态，因此称为准双向 I/O 端口。

2.7.3　P2 口

P2 口可作为一般 I/O 端口使用，在外部总线扩展时作为地址线使用。

1．逻辑结构

P2 口位逻辑结构见图 2-11。输出级由场效应管和上拉电阻组成，可直接驱动拉电流负载，不需要外接上拉电阻。多路开关 MUX 使 P2 口具有通用 I/O 和地址总线输出两种功能。

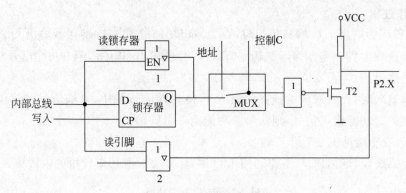

图 2-11 P2 口位逻辑结构

2. 工作过程

当控制信号 C＝0 时,多路开关 MUX 连接地址线,程序计数器 PC 的高 8 位地址 PCH 经反相器和 T2 同相出现在引脚,送出高 8 位地址信息 A8～A15。

当控制信号 C＝1 时,多路开关 MUX 连接 D 锁存器,D 锁存器输出 Q 经反相器接输出 T2。当 Q 为高,T2 截止,引脚输出高电平。当 Q 为低,T2 导通,引脚输出低电平。

P2 可作一般 I/O 端口使用,在系统扩展外部存储器或端口时,提供高 8 位地址信号 A[15..8]。

2.7.4 P3 口

P3 口为多功能端口。

1. 逻辑结构

输出驱动由与非门和场效应管组成。输入电路由一个三态门和一个输入缓冲器组成,逻辑结构见图 2-12。P3 口具有通用 I/O 端口功能和第二功能。

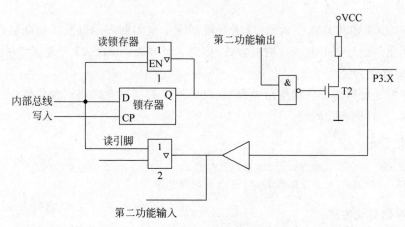

图 2-12 P3 口位逻辑结构

2．工作过程

当 P3 口作为通用 I/O 端口使用时，第二输出功能端置 1，D 锁存器输出 Q 经与非门和场效应管传输到引脚。当作为第二功能时，D 锁存器输出高电平，第二功能信号经与非门和场效应管送达引脚。

在用作输入时，先向对应的锁存器写入 1，使场效应管截止，外部信号经读引脚缓冲器输入。若是第二功能输入信号，则从第二功能输入引脚输入。

P3 口第二功能见表 2-7。

一般在系统设计时，P3 口不作通用 I/O 端口，以充分利用单片机的内部资源。

表 2-7　P3 口第二功能

引脚	定义	说　　明	引脚	定义	说　　明
P3.0	RXD	串行数据输入	P3.4	T0	计数器 0 外部输入
P3.1	TXD	串行数据输出	P3.5	T1	计数器 1 外部输入
P3.2	INT0	外部中断 0 输入	P3.6	$\overline{WR}$	外部数据存储器写信号
P3.3	INT1	外部中断 1 输入	P3.7	$\overline{RD}$	外部数据存储器读信号

2.8　指令系统

程序由一系列机器指令构成。指令是使 CPU 执行某种操作的命令。对一个具体的 CPU，所有机器指令的集合称为该 CPU 的指令集。指令系统是表征 CPU 性能的核心指标，其格式与功能不仅决定整个计算机系统的硬件结构，而且直接影响系统软件和应用领域。

2.8.1　寻址方式

针对一个 CPU 和其指令系统，规定在机器指令中如何表示以及在指令运行中如何根据指令中给出的地址码寻找操作数的方式，称为寻址方式。MCS-51 规定了 7 种寻址方式。

1．立即寻址方式

指令中的地址码部分直接给出操作数，取出指令的同时立即得到操作数。立即数作为指令的一部分，存储在代码段。

【应用举例】

```
MOV A, #20H        ; 将立即数 20H 送入寄存器 A
MOV DPTR, #1234H   ; 将立即数 1234H 送给 DPTR 寄存器
```

2．寄存器寻址方式

操作数保存在某寄存器中，指令地址码给出的是该寄存器的编号。

【应用举例】

```
MOV A,R0              ;将寄存器 R0 的内容送入寄存器 A
MOV A,SP              ;将寄存器 SP 的内容送入寄存器 A
```

3. 直接寻址方式

操作数存放在存储器的某个单元中,指令中给出该存储单元的地址,该地址称为直接地址。

【应用举例】

```
MOV A,20H             ;将地址为 20H 的存储单元的内容送入寄存器 A
MOV A,P0              ;将地址为 80H(P0 口的地址)存储单元的内容送入寄存器 A
```

4. 寄存器间接寻址方式

操作数存放在存储器的某个单元中,该单元地址存放在某寄存器中,指令中给出该寄存器的编号。

【应用举例】

```
MOV A,@R1
MOV DPTR,#1234H
MOVX A,@DPTR
```

5. 变址寻址方式

操作数存放在存储器中。指定的变址寄存器的内容与指令中给定的偏移量相加,所得结果为操作数在存储器中的存放地址。

【应用举例】

```
MOVC A,@A + DPTR
MOVC A,@A + PC
JMP @A + DPTR
```

用 DPTR 或 PC 作为基地址寄存器,变址寻址方式适用于程序存储器,通常用于读取数据表。数据表作为程序运行所需要的非易失数据,存放在程序存储器 ROM 中,数据表首地址放在 DPTR 中,被访问的元素的偏移量放在 A 中。通过该指令,将数据表该元素的值送入 A。

6. 相对寻址方式

由程序计数器 PC 提供的当前地址与指令中提供的偏移量相加,得到目的地址。

【应用举例】

```
SJMP D
SJMP 08H
```

7. 位寻址方式

操作数是一位二进制数,其位地址出现在指令中,适用于内部 RAM 的位寻址区和可位寻址 SFR 的特定位。

【应用举例】

```
SETB bit; 位地址为 bit 的位置 1
MOV C,PSW.5
MOV C,0D0H.5
```

2.8.2 指令系统

指令系统有 111 条汇编指令，按功能分为传输、运算、程序控制和布尔运算 4 大类。表例说明见表 2-8，指令系统见表 2-9。

表 2-8 表例说明

符 号	说 明	符 号	说 明
A	累加器	addr11	外部程序存储器 11 位地址
C	进位/借位标志	B	暂存器
Rn	通用寄存器 R0～R7	DPTR	数据指针寄存器
♯data	8 位立即数	Ri	R0，R1
direct	8 位片内 RAM 或 SFR 直接地址	bit	直接位地址
addr16	外部程序存储器 16 位地址	$	当前指令地址

表 2-9 指令系统

助记符	功 能	字节数	振荡周期
传送指令			
MOV A,Rn	寄存器 Rn 内容传送给累加器 A	1	12
MOV A,direct	直接字节传送到累加器 A	2	12
MOV A,@Ri	间接 RAM 传送到累加器 A	1	12
MOV A,♯data	立即数传送到累加器 A	2	12
MOV Rn,A	累加器 A 内容传送给寄存器 Rn	1	12
MOV Rn,direct	直接字节传送到寄存器 Rn	2	24
MOV Rn,♯data	立即数传送到寄存器 Rn	2	12
MOV direct,A	累加器 A 内容传送到直接字节	2	12
MOV direct,Rn	寄存器 Rn 内容传送到直接字节	2	12
MOV direct,direct	直接字节内容传送到直接字节	3	24
MOV direct,@Ri	间接 RAM 内容传送到直接字节	2	24
MOV direct,♯data	立即数传送到直接字节	3	24
MOV @Ri,A	累加器 A 内容传送到间接 RAM	1	12
MOV @Ri,direct	直接字节内容传送到间接 RAM	2	24
MOV @Ri,♯data	立即数传送到间接 RAM	2	12
MOV DPTR,♯data16	16 位常数加载到数据指针	3	24
MOVC A,@A+DPTR	代码字节传送到累加器 A	1	24

助记符	功 能	字节数	振荡周期
传送指令			
MOVC A,@A+PC	代码字节传送到累加器 A	1	24
MOVX A,@Ri	外部 RAM(8 位)传送到 ACC	1	24
MOVX A,@DPTR	外部 RAM(16 位)传送到 ACC	1	24
MOVX @Ri,A	ACC 传送到外部 RAM(16 位)	1	24
MOVX @DPTR,A	ACC 传送到外部 RAM(16 位)	1	24
PUSH direct	直接字节压入堆栈	2	24
POP direct	堆栈中弹出直接字节	2	24
XCH A,Rn	寄存器 Rn 与累加器 A 交换	1	12
XCH A,direct	直接字节与累加器 A 交换	2	12
XCH A,@Ri	间接 RAM 与累加器 A 交换	1	12
XCHD A,@Ri	间接 RAM 和累加器 A 交换低 4 位字节	1	12
SWAP A	累加器 A 内部高、低 4 位交换	1	12
运算指令			
ADD A,Rn	寄存器 Rn 加到累加器 A	1	12
ADD A,direct	直接字节加到累加器 A	2	12
ADD A,@Ri	间接 RAM 加到累加器 A	1	12
ADD A,#data	立即数加到累加器 A	2	12
ADDC A,Rn	寄存器 Rn 加到累加器 A(带进位)	1	12
ADDC A,direct	直接字节加到累加器 A(带进位)	2	12
ADDC A,@Ri	间接 RAM 加到累加器 A(带进位)	1	12
ADDC A,#data	立即数加到累加器 A(带进位)	2	12
SUBB A,Rn	累加器 A 减去寄存器 Rn(借位位)	1	12
SUBB A,direct	累加器 A 减去直接字节(带借位)	2	12
SUBB A,@Ri	累加器 A 减去间接 RAM(带借位)	1	12
SUBB A,#data	累加器 A 减去立即数(带借位)	2	12
INC A	累加器 A 加 1	1	12
INC Rn	寄存器 Rn 加 1	1	12
INC direct	直接字节加 1	2	12
INC @Ri	间接 RAM 加 1	1	12
DEC A	累加器 A 减 1	1	12
DEC Rn	寄存器 Rn 减 1	1	12
DEC direct	直接字节减 1	2	12
DEC @Ri	间接 RAM 减 1	1	12
INC DPTR	数据指针加 1	1	24
MUL AB	A 和 B 寄存器相乘	1	48
DIV AB	A 和 B 寄存器相除	1	48
DA A	累加器 A 十进制调整	1	12
ANL A,Rn	寄存器 Rn 与到累加器 A	1	12

续表

助记符	功　能	字节数	振荡周期
运算指令			
ANL A,direct	直接字节与到累加器 A	2	12
ANL A,@Ri	间接 RAM 与到累加器 A	1	12
ANL A,♯data	立即数与到累加器 A	2	12
ANL direct,A	累加器 A 与到直接字节	2	12
ANL direct,♯data	立即数与到直接字节	3	24
ORL A,Rn	寄存器 Rn 或到累加器 A	1	12
ORL A,direct	直接字节或到累加器 A	2	12
ORL A,@Ri	间接 RAM 或到累加器 A	1	12
ORL A,♯data	立即数或到累加器 A	2	12
ORL direct,A	累加器 A 或到直接字节	2	12
ORL direct,♯data	立即数或到直接字节	3	24
XRL A,Rn	寄存器 Rn 异或到累加器 A	1	12
XRL A,direct	直接字节异或到累加器 A	2	12
XRL A,@Ri	间接 RAM 异或到累加器 A	1	12
XRL A,♯data	立即数异或到累加器 A	2	12
XRL direct,A	累加器 A 异或到直接字节	2	12
XRL direct,♯data	立即数异或到直接字节	3	24
CLR A	累加器 A 清 0	1	12
CPL A	累加器 A 取反	1	12
RL A	累加器 A 循环左移	1	12
RLC A	累加器 A 循环左移(带进位)	1	12
RR A	累加器 A 循环右移	1	12
RRC A	累加器 A 循环右移(带进位)	1	12
程序转移指令			
ACALL addr11	绝对调用	2	24
LCALL addr16	长调用	3	24
RET	返回	1	24
RETI	中断返回	1	24
AJMP addr11	绝对转移	2	24
LJMP addr16	长转移	3	24
SJMP rel	短转移	2	24
JMP @A+DPTR	相对 DPTR 间接转移	1	24
JZ rel	累加器为 0 转移	2	24
JNZ rel	累加器不为 0 跳转	2	24

续表

助记符	功　能	字节数	振荡周期
程序转移指令			
CJNE A,direct,rel	比较直接字节和 ACC,不相等转移	3	24
CJNE A,♯data,rel	比较立即数和 ACC,不相等转移	3	24
CJNE Rn,♯data,rel	比较立即数和寄存器 Rn,不相等转移	3	24
CJNE @Ri,♯data,rel	比较立即数和间接 RAM,不相等转移	3	24
DJNZ Rn,rel	寄存器减 1,不为 0 转移	3	24
DJNZ direct,rel	直接字节减 1,不为 0 转移	3	24
NOP	空操作	1	12
布尔运算指令			
CLR C	清进位	1	12
CLR bit	请直接寻址位	2	12
SETB C	进位位置位	1	12
SETB bit	直接寻址位置位	2	12
CPL C	进位位取反	1	12
CPL bit	直接寻址位取反	2	12
ANL C,bit	直接寻址位与到进位位	2	24
ANL C,/bit	直接寻址位反码与到进位位	2	24
ORL C,bit	直接寻址位或到进位位	2	24
ORL C,/bit	直接寻址位反码或到进位位	2	24
MOVE C,bit	直接寻址位传送到进位位	2	12
MOVE bit,C	进位位传送到直接寻址位	2	12
JC rel	进位为 1 转移	2	24
JNC rel	进位为 0 转移	2	24
JB bit,rel	直接寻址位为 1 转移	3	24
JNB bit,rel	直接寻址位为 0 转移	3	24
JBC bit,rel	直接寻址位为 1 转移并清除该位	3	24

2.8.3　伪指令

MCS-51 定义伪指令为汇编程序提供说明、定义服务,伪指令不产生机器代码。

1. ORG

语法格式：ORG 16 位地址。

功能：说明下一条指令或变量的起始地址。

【应用举例】

ORG 100H; 后续指令或变量从 100H 单元开始存放
MAIN: MOV DPTR, ♯2000H

2. DB/DW

语法格式：【标号：】DB 数据项表；定义字节型变量。

语法格式：【标号：】DW 数据项表；定义字型变量。

【应用举例】

```
X DB 0x36                ; 定义字节变量 X 并赋值 0x36
xTR DB 0x36,0x6f         ; 定义字节数组 xTR,具有 2 个字节元素,赋值 0x36 和 0x6f
Y DW 0x3612              ; 定义字变量 Y 并赋值 0x3612
yTR DW 0x3612,0x6f00     ; 定义字数组 yTR,具有 2 个字元素,赋值 0x3612 和 0x6f00
TAB DB 7FH,6FH,77H,7CH,39H,5EH,79H,61H    ; 定义字节数据表
```

3. EQU

语法格式：标识符 EQU 表达式；定义符号常量。

【应用举例】

```
PI EQU 3.1415     ; 定义符号常量 PI
CR EQU R2         ; 定义 CR = R2
MOV A,CR          ; 相当于 MOV A,R2
```

4. DATA

语法格式：标识符 DATA 直接字节地址。

功能：为一个 8 位内部 RAM 单元定义符号地址。

【应用举例】

```
ERROR DATA 80H; 为片内 80H 单元定义符号地址 ERROR
```

5. XDATA

语法格式：标识符 XDATA 直接字节地址。

功能：为一个 8 位外部 RAM 单元定义符号地址。

【应用举例】

```
IOPORT XDATA 0C80H; 为片外 0C80H 单元定义符号地址 IOPRT
```

6. BIT

语法格式：标识符 BIT 位地址；为可位寻址的位单元定义符号地址。

【应用举例】

```
LED0 BIT 30H      ; 为位地址为 30H 的位单元定义符号地址 LED0
L0 BIY P1.1       ; 定义位变量 L0 = P1.1
```

7. END

语法格式：【标号：】END。

功能：源程序到此结束,汇编程序对其后的语句不予处理。

习题

1. 简述 8051 系统结构。
2. 为什么 8051 的输入/输出端口被称为准双向 I/O？如何实现正常的 I/O 操作？
3. P0 口作通用 I/O 口使用时，为什么需要加上拉电阻？
4. 8051 位寻址的地址空间是什么？对基于单片机的系统开发有何作用？
5. 特殊功能寄存器 SFR 与微机系统中的端口有何异同？
6. 8051 进入复位状态的条件是什么？设计复位电路并确定各器件物理参数。

第 3 章

存 储 结 构

本章以 AT89C51 为模型机,介绍 MCS-51 系列单片机存储结构。

3.1　基本特性

采用哈佛型存储结构,程序存储器和数据存储器在物理上是分开的,具有独立的寻址机构和寻址指令。程序存储器采用 EPROM、EEPROM 或 Flash 存储器,数据存储器采用静态存储器(SRAM)或动态存储器(DRAM)。

内部集成 4KB 程序存储器(ROM)、256B 数据存储器(RAM),可外部扩展 64KB(最大)程序存储器(ROM)和 64KB(最大)数据存储器(RAM)。

在物理结构上,存储系统可以分为 4 个存储空间,即片内 RAM、片内 ROM 和片外 RAM、片外 ROM,如图 3-1 所示。

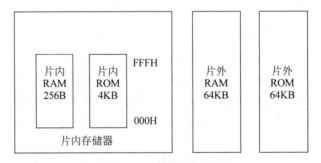

图 3-1　存储系统地址分布

3.2　程序存储器

程序存储器用来存放程序和数据表格,采用 16 位程序计数器(PC)和 16 位地址总线,最大寻址空间为 64KB。

程序存储器物理上可分为片内和片外两部分,共享 64KB 程序存储地址空间。

用引脚 $\overline{\text{EA}}$ 确定 CPU 对内部程序存储器和外部程序存储器的使用选择。

当 $\overline{\text{EA}}=0$ 时，CPU 从外部 ROM 的 0000H 单元开始执行程序。当 $\overline{\text{EA}}=1$ 时，从内部 ROM 的 0000H 单元开始执行，当地址超过 4KB 时自动转向外部 ROM 的 1000H 单元。

片内程序存储区 0000H～002AH 作为系统保留使用。

0000H～0002H 单元：主程序入口地址。复位时程序计数器 PC＝0000H，指向该单元。该单元存放一条绝对跳转指令(SJMP)，跳转到主程序首地址。

0003H～000AH 单元：外部中断 $\overline{\text{INT0}}$ 中断服务程序入口地址。该单元存放一条绝对跳转指令(SJMP)，跳转到 $\overline{\text{INT0}}$ 中断处理程序首地址。

000BH～0012H 单元：定时/计数器 T/C0 溢出中断处理程序入口地址。该单元存放一条绝对跳转指令(SJMP)，跳转到 T/C0 溢出中断处理程序首地址。

0013H～001AH 单元：外部中断 $\overline{\text{INT1}}$ 中断服务程序入口地址。该单元存放一条绝对跳转指令(SJMP)，跳转到 $\overline{\text{INT1}}$ 中断处理程序首地址。

001BH～0022H 单元：定时/计数器 T/C1 中断服务程序入口地址。该单元存放一条绝对跳转指令(SJMP)，跳转到 T/C1 溢出中断处理程序首地址。

0023H～002AH 单元：串行口通信中断服务程序入口地址。该单元存放一条绝对跳转指令(SJMP)，跳转到串行通信中断处理程序首地址。

3.3 数据存储器

系统中 RAM 分为内部 RAM 和外部 RAM 两部分，用 MOV 指令访问内部数据存储单元，用 MOVX 指令访问外部数据存储单元。

3.3.1 数据存储器地址分布

片内和片外数据存储器地址分布如图 3-2 所示。

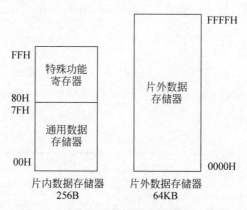

图 3-2 片内和片外数据存储器地址分布

3.3.2 片内 RAM

图 3-3　片内 RAM 地址分布

片内 RAM 按功能划分为工作寄存器区、位寻址区、数据缓冲区(RAM)和特殊功能寄存器(SFR)区四个区域,地址空间分配见图 3-3。

1. 工作寄存器区

地址范围为 00H～1FH,32 字节,分为 4 组,每组 8 个寄存器,标识为 R0～R7。任何时刻只有一组作为当前工作寄存器组使用,由程序状态字 PSW 中的 RS1 和 RS0 选择,见表 3-1。

表 3-1　当前寄存器组选择

RS1	RS0	工作组寄存器(地址)
0	0	0 组(00H～07H)
0	1	1 组(08H～0FH)
1	0	2 组(10H～17H)
1	1	3 组(18H～1FH)

通过软件设置 RS1、RS0 以设置当前寄存器组。单片机复位后,默认 0 组为当前工作寄存器组。

2. 位寻址区

地址范围为 20H～2FH,16 字节,共计 16×8＝128 位。每个单元有一个字节地址,字节地址范围为 20H～2FH。每位有一个位地址,位地址范围为 00H～7FH。位寻址区每一位都可作为一个软件触发器使用,通常把各种状态、位控制变量保存在位寻址区。

3. 数据缓冲区

地址范围为 30H～7FH,用户数据区,共 80 字节单元,用作用户的数据存储区。堆栈也可设置在该区域。

4. 特殊功能寄存器区

地址范围为 80H～FFH,特殊功能寄存器(SFR)区。系统把片内寄存器和 I/O 端口映射在该区域存储单元,对 I/O 端口的操作实际上就是对相应存储单元的操作。

SFR 字节地址见表 3-2。

表 3-2　SFR 字节地址

标识符	名　称	地址	标识符	名　称	地址
ACC	累加器	E0H	DPTR	数据指针	83H/82H
B	B 寄存器	F0H	P0	端口 0	80H
PSW	程序状态字	D0H	P1	端口 1	90H
SP	堆栈指针	81H	P2	端口 2	A0H

续表

标识符	名　　称	地址	标识符	名　　称	地址
P3	端口 3	B0H	TL0	定时/计数 0 初值	8AH
IP	中断优先级	B8H	TH1	定时/计数 1 初值	8DH
IE	中断允许	A8H	TL1	定时/计数 1 初值	8BH
TMOD	定时/计数方式	89H	SCON	串口控制寄存器	98H
TCON	定时/计数控制	88H	SBUF	串口数据寄存器	99H
TH0	定时/计数 0 初值	8CH	PCON	电源控制寄存器	97H

3.3.3　特殊功能寄存器

系统特殊功能寄存器映射为内部数据存储器的存储单元,每个特殊功能寄存器都有相应单元地址。

1. 程序计数器(PC)

16 位地址寄存器,存放将要执行的指令地址,寻址范围为 0000H~FFFFH(64KB)。

复位时 PC=0000H,即系统复位后,CPU 从程序存储器 ROM 的 0000H 单元开始执行程序。

2. 数据指针(DPTR)

由 2 个 8 位寄存器构成,高 8 位寄存器 DPH 和低 8 位寄存器 DPL 构成 16 位的寄存器 DPTR,用来存放外部 RAM 的地址,作为 CPU 访问外部 RAM 的数据指针。

CPU 的查表指令使用 DPTR 提供 ROM 中表格的首地址。CPU 访问外部 RAM 中的数据或 ROM 中的表格、常数,必须借助 DPTR 作指针来实现数据的读取访问。

3. 程序状态字(PSW)

8 位寄存器,表征程序执行的状态信息,各位定义如图 3-4 所示。

D7	D6	D5	D4	D3	D2	D1	D0
CY	AC	F0	RS1	RS0	OV	—	P

图 3-4　8 位寄存器定义

CY(PSW.7):进位标志。在加减法运算中,累加器 A 的最高位 D7 有进位或借位,则 CY=1,否则 CY=0。

AC(PSW.6):辅助进位位。在加减法运算中,累加器 A 的低 4 位向高位 4 位有进位或借位,则 CY=1,否则 CY=0。

F0(PSW.5):用户标志位。由用户来定义和使用。

RS1,RS0:当前工作寄存器组选择位。选定当前工作寄存器组。

OV(PSW.2):溢出标志位。当运算结果溢出时,OV 置 1。

P(PSW.0):奇偶标志位。累加器 A 中 1 的个数为奇数个时为 1,A 中 1 的个数为偶数时为 0。

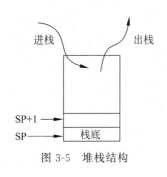

图 3-5　堆栈结构

4. 堆栈指针（SP）

8 位寄存器，指示堆栈栈顶地址。

堆栈是在内存单元专门用来按照先进后出方式存取的区域。在使用堆栈之前，先给 SP 赋值，以规定堆栈的起始位置，称为栈底。在数据压入堆栈后，SP 内容自动加 1，随着数据不断进栈，SP 向上增长，如图 3-5 所示。

系统复位后，SP 总是初始化到内部 RAM 地址 07H。堆栈有专门访问指令 PUSH 和 POP。

3.4　最小系统

由 AT89C51 构成的最小系统见图 3-6，包括时钟电路、上电复位电路和按键复位电路。系统运行点亮一个 LED，R1 为 LED 限流电阻。

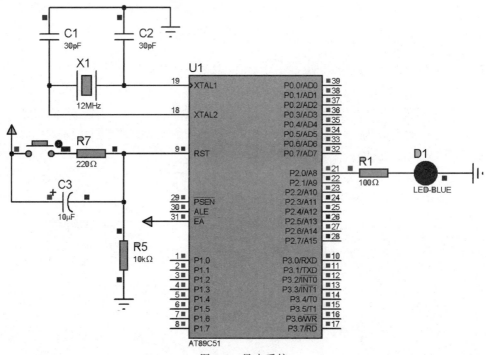

图 3-6　最小系统

注：本书电路图由 Proteus 7.0 绘制，器件符号遵循国际规范。

【应用举例】

```
# include < reg51.h >        //C51 包含文件
sbit LED = P2^0;             //定义 LED 控制位
void main()
```

```
{
    LED = 1;                     //点亮发光二极管
    while(1);
}
```

习题

1. 片内程序存储器 00H～2AH 系统保留单元的作用是什么？
2. 简述哈佛存储结构的特点和意义。
3. 简述工作寄存器组的结构及设置工作寄存器组的意义。
4. 什么是堆栈？其作用是什么？
5. 简述程序计数器(PC)的工作过程。

第二部分 单片机C语言程序设计

用 C 语言进行嵌入式系统开发已成为业界主流,也是单片机教学的首选。C 语言程序设计是"单片机原理与技术"课程的先修课程,用于 MCS-51 系列单片机开发的 C 语言称为 C51,在数据类型、程序结构、基本语句上,与 C 语言有非常大的相似度。本部分在先修课程 C 语言程序设计基础上,介绍 C51 的数据类型、程序结构和函数设计,突出 C51 特有的数据类型、存储类型及其对特殊功能寄存器、位寻址的定义和应用。

本部分包括:

第 4 章 数据类型与基本运算

本章介绍 C51 的程序结构与数据类型,介绍变量和常量的存储器类型定义及其在单片机程序设计中的作用,讲述 C51 的基本运算和复合运算。

第 5 章 程序控制语句

本章介绍条件语句 if、开关语句 switch 的基本语法,以实现程序的有条件跳转与分支。讲述 while、do while 和 for 语句设计方法和语法要求,实现循环体结构的程序设计。

第 6 章 函数

函数是模块化程序设计的核心,也是提高程序设计水平的关键技能。本章介绍 C51 函数的定义、说明、调用及参数传递。

数据类型与基本运算

4.1　C51 程序结构

用于 MCS-51 系列单片机开发的 C 语言称为 C51,在数据类型、程序结构、基本语句、平台使用等方面,C51 与 C 语言有非常大的相似度。

1. C51

由于具有良好的结构性和模块化,用 C 语言书写的程序容易阅读和维护,具有良好的可移植性,功能化的代码能够很方便地从一个工程移植到另一个工程。

相对于汇编语言,用 C 语言编写程序更符合人类的思考习惯,开发者可以更专心考虑算法,而不必十分熟悉处理器的工作过程。

C51 支持所有 51 系列单片机开发,Keil μVision 提供了良好的 C51 开发和调试环境。

2. 程序结构

下面为一个简单而完整的 C51 程序,实现最小系统点亮一个 LED 的功能,接口电路见图 4-1。

```
# include < reg51.h >        //C51 包含文件
sbit LED = P2^0;
void main()                  //主程序
{
    LED = 1;                 //点亮发光二极管
    while(1);
}
```

该程序在 KEIL 平台上编辑、编译、连接、运行后,可驱动连接在 P2.0 引脚上的 LED 发光。

C51 程序数据类型、语法、语句、函数定义等类似于一般 C 语言程序。

C51 应用程序有且只有一个主函数 main(),作为程序运行的入口。

{}中间的内容为程序的主体,称为程序体。

C51 用//和/ * ... * /对程序中的任何部分作注释。

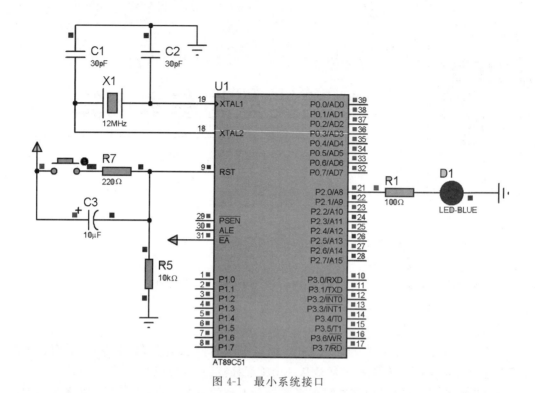

图 4-1 最小系统接口

reg51.h 为 51 系列单片机的头文件，包含了特殊功能寄存器(SFR)的地址定义和可寻址位的定义。

4.2 数据类型

C51 提供和 C 语言相同的基本数据类型。

1. 基本数据类型

C51 各数据类型的长度与值域见表 4-1。

表 4-1 基本数据类型

数据类型	长度/字节	值　　域
unsigned char	1	0~255
signed char	1	−128~+127
unsigned int	2	0~65 535
signed int	2	−32 768~+32 767
unsigned long	4	04294967295
signed long	4	−2 147 483 648~+2 147 483 647
float	4	±1.175 494E−38~±3.402 823E+38

2. 存储类型

在 MCS-51 中,程序存储器和数据存储器完全分开,特殊功能寄存器与片内数据存储器统一编址,并被定义在一个固定的地址范围内。

C51 支持 MCS-51 的硬件结构,变量和常量用存储器类型定义符(data,bdata,idata,pdata,xdata,code)定义在不同的存储区。

存储类型与 MCS-51 存储空间对应关系见表 4-2。

表 4-2　存储类型与 MCS-51 存储空间对应关系

存储类型	说　　明
data	直接寻址片内数据存储区,访问速度快,128B
bdata	可位寻址片内数据存储区,允许位与字节混合访问,16B
idata	间接寻址片内数据存储区,可访问片内全部 RAM 地址空间,256B
pdata	分页寻址片外数据存储区,256B,由 MOVX @R0 访问
xdata	片外数据存储区,64KB,由 MOVX @DPTR 访问
code	程序存储区,64KB,由 MOVC @DPTR 访问

【应用举例】

```
unsigned char data ucData; //无符号字符变量 ucData 被定义为 data 存储类型,编译器将 ucData
                           //定位在片内数据存储区(地址:00H～FFH)
bit bdata bF; //位变量 bF 被定义为 bdata 存储类型,编译器将 bF 定位在片内数据存储区的位寻址
              //区(地址:20H～2FH)
float idata fX; //浮点变量 fX 被定义为 idata 存储类型,编译器将 fX 定位在片内数据存储区(地
                //址:20H～2FH)
int pdata iData; //整型变量 iData 被定义为 pdata 存储类型,编译器将 iData 定位在片外数据存
                 //储区
unsigned char xdata uData; //字符变量 uData 被定义为 xdata 存储类型,编译器将 uData 定位在片
                           //外数据存储区
unsigned char code ucData; //字符变量 ucData 被定义为 code 存储类型,编译器将 ucData 定位在代
                           //码空间,ROM 或 EEPROM 中
```

如果在定义时,缺失存储器定义符,编译器会根据当前的存储模式(SMALL,COMPACT,LARGE),自动选择默认的存储类型。

存储模式决定了变量的默认存储类型。

SMALL:默认存储类型为 data,变量定位于片内数据存储区。

COMPACT:默认存储类型为 pdata,变量定位于片外数据存储区。

LARGE:默认存储类型为 xdata,变量定位于片外数据存储区。

3. 特殊功能寄存器(SFR)

将内部寄存器和片内资源端口(称为特殊功能寄存器)地址映射到片内数据存储区,分散在片内 RAM 的地址范围为 80H～FFH 的 128 字节区域,特殊功能寄存器(SFR)地址定义见表 4-3。

表 4-3　特殊功能寄存器（SFR）地址定义

SFR	MSB 位地址/位定义 LSB								字节地址
B									F0H
ACC									E0H
PSW	D7	D6	D5	D4	D3	D2	D1	D0	D0H
	CY	AC	F0	RS1	RD0	OV	—	P	
IP	BF	BE	BD	BC	BB	BA	B9	B8	B8H
	—	—	—	PS	PT1	PX1	PT0	PX0	
P3	B7	B6	B5	B4	B3	B2	B1	B0	B0H
	P3.7	P3.6	P3.5	P3.4	P3.3	P3.2	P3.1	P3.0	
IE	AF	AE	AD	AC	AB	AA	A9	A8	A8H
	EA	—	—	ES	ET1	EX1	ET0	EX0	
P2									A0H
SBUF									99H
SCON	9F	9E	9D	9C	9B	9A	99	98	98H
	SM0	SM1	SM2	REN	TB8	RB8	TI	RI	
P1									90H
TH1									8DH
TH0									8CH
TL1									8BH
TL0									8AH
TMOD	GATE	C/T	M1	M0	GATE	C/T	M1	M0	89H
TCON	8F	8E	8D	8C	8B	8A	89	88	88H
	TF1	TR1	TF0	TR0	IE1	IT1	IE0	IT0	
PCON	SMOD	—	—	—	GF1	GF0	FD	IDL	87H
DPH									83H
DPL									82H
SP									81H
P0									80H

C51 提供关键词 sfr 和 sbit 定义特殊功能寄存器和可寻址的符号变量。

【应用举例】

```
sfr P1 = 0x90;      //定义符号地址 P1 代表端口 P1 直接地址 0x90
sfr P0 = 0x80;      //定义符号地址 P0 代表端口 P0 直接地址 0x80
sfr PSW = 0xD0;     //定义 PSW 寄存器地址为 0xD0
sbit OV = PSW^2;    //定义 OV 为 PSW.2，位地址为 0xD2
```

reg51.h 头文件中包含了对特殊功能寄存器和可寻址位的定义，参见表 4-4。

表 4-4 reg51.h 特殊功能寄存器定义

字节地址定义	位地址定义		

sfr P0   = 0x80;
sfr P1   = 0x90;
sfr P2   = 0xA0;
sfr P3   = 0xB0;
sfr PSW = 0xD0;
sfr ACC = 0xE0;
sfr B   = 0xF0;
sfr SP   = 0x81;
sfr DPL = 0x82;
sfr DPH = 0x83;
sfr PCON = 0x87;
sfr TCON = 0x88;
sfr TMOD = 0x89;
sfr TL0 = 0x8A;
sfr TL1 = 0x8B;
sfr TH0 = 0x8C;
sfr TH1 = 0x8D;
sfr IE   = 0xA8;
sfr IP   = 0xB8;
sfr SCON = 0x98;
sfr SBUF = 0x99;
	/* PSW */
	sbit CY = 0xD7;
	sbit AC = 0xD6;
	sbit F0 = 0xD5;
	sbit RS1 = 0xD4;
	sbit RS0 = 0xD3;
	sbit OV = 0xD2;
	sbit P = 0xD0;
	/* SCON */
	sbit SM0 = 0x9F;
	sbit SM1 = 0x9E;
	sbit SM2 = 0x9D;
	sbit REN = 0x9C;
	sbit TB8 = 0x9B;
	sbit RB8 = 0x9A;
	sbit TI = 0x99;
	sbit RI = 0x98;
		/* TCON */
		sbit TF1 = 0x8F;
		sbit TR1 = 0x8E;
		sbit TF0 = 0x8D;
		sbit TR0 = 0x8C;
		sbit IE1 = 0x8B;
		sbit IT1 = 0x8A;
		sbit IE0 = 0x89;
		sbit IT0 = 0x88;
		/* IE */
		sbit EA = 0xAF;
		sbit ES = 0xAC;
		sbit ET1 = 0xAB;
		sbit EX1 = 0xAA;
		sbit ET0 = 0xA9;
		sbit EX0 = 0xA8;
			/* IP */
			sbit PS = 0xBC;
			sbit PT1 = 0xBB;
			sbit PX1 = 0xBA;
			sbit PT0 = 0xB9;
			sbit PX0 = 0xB8;
			/* P3 */
			sbit RD = 0xB7;
			sbit WR = 0xB6;
			sbit T1 = 0xB5;
			sbit T0 = 0xB4;
			sbit INT1 = 0xB3;
			sbit INT0 = 0xB2;
			sbit TXD = 0xB1;
			sbit RXD = 0xB0;

在程序中包含头文件 reg51.h 后,可在程序中使用相应的符号地址,增强程序的可读性。

4. 位变量 bit

C51 支持 bit 数据类型。

关键词：bit

语法：

```
bit bF; //说明 bit 变量 bF
```

说明：

① 位变量可作为函数的参数。

② 位变量不可定义为数组。

③ 位变量被限定在片内 RAM,存储类型被限定为 data 或 idata。

C51 允许存储类型为 bdata 的变量放入片内可位寻址 RAM 中。

【应用举例】

```
bdata char bcData;          //然后用 sbit 定义可独立寻址的对象位
sbit bF0 = bcData^0;        //定义 bF0 为 bcData 的第 0 位
```

4.3 运算

C51 基本运算包括算术、逻辑及关系运算。

4.3.1 算术运算

算术运算由算术运算符来实现。

1. 算术运算符

C51 基本算术运算符与 C 语言相同，见表 4-5。

表 4-5　算术运算符

运算符	说　　明
+	加法运算
—	减法运算
*	乘法运算
/	除法运算
%	模运算

2. 类型转换

如果运算表达式中出现的数据类型不同，则必须通过数据类型转换，将所有参加运算的数据，转换为相同的数据类型。

1）默认类型转换

在程序编译时，由编译器根据转换规则，自动实现数据类型转换。一般地，当运算对象数据类型不同时，将较低数据类型转换为较高数据类型，运算结果为较高数据类型，即有更高的精度和数值范围。

自动类型转换规则：char→int→float→double。

2）强制类型转换

使用类型转换符进行显式转换说明。

语法：（类型）（表达式）

```
unsigned char x;
float y;
y = (float)(x * x);        //强制将 x * x 转换为浮点型
```

4.3.2 关系与逻辑运算

关系与逻辑运算由关系逻辑运算符实现。

1. 关系运算

C51 关系运算符与 C 语言相同，见表 4-6。

表 4-6 关系运算符

运算符	说　明
<	小于
>	大于
<=	小于或等于
>=	大于或等于
==	等于
!=	不等于

关系运算结果为一个逻辑值真或假,C 语言用 1 代表真,0 代表假。

2.逻辑运算

C51 逻辑运算符与 C 语言相同,见表 4-7。

表 4-7 逻辑运算符

运算符	说　明
&&	逻辑与(AND)
||	逻辑或(OR)
!	逻辑非(NOT)

逻辑运算结果为一个逻辑值真或假,C 语言用 1 代表真,0 代表假。

4.4 位操作

C51 支持位操作,位操作运算符见表 4-8。

表 4-8 位操作运算符

运算符	说　明
&	按位与
|	按位或
^	按位异或
~	按位取反
<<	位左移
>>	位右移

位运算只能是整型或字符型。

位左移、位右移运算符将一个数的各二进制位全部左移或右移若干位,移位后溢出位舍弃,空出位补 0。

在控制系统中,位操作比算术和逻辑运算使用更频繁,也更方便。

4.5 自增、自减及复合运算

C51 自增、自减及复合运算符与 C 语言相同，见表 4-9。

表 4-9 自增、自减及复合运算符

运算符	说　　明
＋＋i	使用前先加 1
——i	使用前先减 1
i＋＋	使用后加 1
i——	使用后减 1
a＋＝b	相当于：a＝a＋b
a－＝b	相当于：a＝a－b
a＊＝b	相当于：a＝a＊b
a/＝b	相当于：a＝a/b
a%＝b	相当于：a＝a%b
a≪＝b	相当于：a＝a≪b
a≫＝b	相当于：a＝a≫b
a&＝b	相当于：a＝a&b
a^＝b	相当于：a＝a^b
a|＝b	相当于：a＝a|b

自增和自减运算只能用于变量，不能用于常量表达式。

复合运算能简化程序，提高 C 语言编译效率。

4.6 构造数据类型

在基本数据类型 char、int、float 基础上，C 语言提供了由基本数据类型按一定规则构成的扩展数据类型，称为构造数据类型，包括数组、构造、指针、联合和枚举。

4.6.1 数组

C51 支持一维和二维数组。

1. 一维数组

1）定义

<数据类型> <数组名>[<常量表达式>];

【应用举例】

int A[10], B[2];

方括号"[ ]"是区分数组和变量的特征符号。方括号中常量表达式的值必须是确定的整型数值,且数值必须大于0,反映数组元素的个数或数组的大小、数组的长度。数组名前的"数据类型"指定数组中元素的数据类型。

数组方括号中的常量表达式中不能包含变量,可以包括常量和符号常量。

2)引用

数组定义后,可用下标运算符通过指定下标序号来引用和操作数组中的元素,引用格式:

<数组名> [<下标表达式>]

数组的第一个元素的下标是0而不是1。

3)初始化和赋值

在引用数组元素前可对其进行初始化或赋值。

数组初始化格式:

<数据类型> <数组名>[<常量表达式>] = {初值列表};

数组元素初始化是在数组定义格式中,在方括号之后,用"={初值列表}"的形式进行。其中,初值列表中的初值个数不得多于数组元素个数,且多个初值之间要用逗号隔开。可以只对数组部分元素初始化。若定义时不对数组赋值,则数组元素默认为0。

【应用举例】

```
int A[5] = {1,2,,3,4};
char cB[10] = {2,3,4,5};
```

2.二维数组与多维数组

1)定义

<数据类型> 数组名 [<常量表达式1>][<常量表达式2>];

二维数组按行顺序存放各元素。

【应用举例】

```
int X[2][3];
float Y[2][3][6];
```

二维数组X存放次序:X[0][0],X[0][1],X[0][2],X[1][0],X[1][1],X[1][2]。

2)初始化与赋值

【应用举例】

```
int X[3][4] = {{1,2,3,4},{2,3,4,5},{3,2,4,5}};
int Y[3][4] = {{1},{},{2,3,4,5}};
```

3.字符数组

基本数据类型为字符型的数组为字符数组,一个元素存放一个字符。字符串用一个以

空字符 '\0' 为结束符的字符数组表示。

【应用举例】

```
char cStr0[10];      //定义有 10 个元素的一维字符数组 cStr0
char cStr1[10] = {'C','H','I','N','A','\0'};//定义有 10 个元素的一维字符数组 cStr1,并将 5 个字
//符的 ASCII 码赋值 cStr1[0]～cStr1[4],cStr1[5]被赋予字符串结束符'\0',其余被赋予空格字符
char cStr[] = {"abcd"};
char cStr[] = "abcd";
```

双引号(" ")中间的为字符串,C 编译器自动在字符串末尾添加结束符 '\0'(NULL)。

4.6.2 指针

指针为程序设计中数据传递提供了更方便的途径。

1. 指针和指针变量

指针变量是存放内存地址的变量,该地址是另一个变量在内存中的首地址,称该指针指向该变量。

指针变量定义格式:

<数据类型> ＊<指针变量名>;

"＊"是指针变量的说明符。

【应用举例】

```
int * pInt1, * pInt2;    //定义 pInt1、pInt2 为指向整型变量的指针
float * pFloat;          //定义 pFloat 为指向实型变量的指针
char * pChar;            //定义 pChar 为指向字符型变量的指针
```

2. & 和 ＊ 运算符

运算符"&"的功能是获取操作对象的指针。变量的指针值就是该变量所对应的存储单元首地址。

运算符"＊"的功能是引用指针所指向的存储单元。当其作为左值时,被引用的存储单元应是可写的;当其作为右值时,引用的操作是读取被引用的存储单元的值。

【应用举例】

```
int a = 3;           //整型变量,初值为 3
int * p = &a;        //指向整型变量的指针,其值等于 a 的地址
int b = * p;         //取出指针所指向的存储单元中的内容并赋给 b,值为 3
```

3. 指针和数组

数组中的元素连续存放在内存单元中,数组名代表数组中第一个元素的地址,即数组的首地址,可通过指针引用数组元素。

```
int A[5], * iP;
```

则 iP＝&A[0]等价于 iP＝A。＊(iP＋1)＝1 与 A[1]＝1 等价。

4.6.3 结构体

结构体(structure)是由多种类型数据组成的整体,组成结构体的各个变量称为结构体的数据成员。

1. 结构体定义

格式:

```
struct   结构体名
{
    <成员定义 1>;
    <成员定义 2>;
         …
    <成员定义 n>;
}[结构体变量名列表];
```

结构体声明是以关键字 struct 开始的,结构体名应是一个有效合法的标识符。结构体中的每个成员都必须通过成员定义来确定其数据类型和成员名。

成员数据类型可以是基本数据类型,也可以是数组、结构体等构造类型或其他已声明的合法的数据类型。

结构体声明仅仅是一个数据类型的说明,编译器不会为其分配内存空间,只有当用结构体数据类型定义结构体变量时,编译器才会为变量分配内存空间。

结构体声明是一条语句,最后的分号";"不能漏掉。

【应用举例】

```
struct STUDENT
{
unsigned char ucName[20];     //数据成员,姓名
intiAge;                      //数据成员,年龄
unsigned char ucSex;          //数据成员,性别
}Wang,Zhang;                  //定义结构变量 Wang 和 Zhang
```

2. 结构体变量定义

定义一个结构体变量有三种方式:

(1) 先声明结构体类型,再定义结构体变量,称为声明之后定义方式。如:

```
struct  STUDENT stu1, stu2;      //结构名 STUDENT 前的关键字 struct 可以省略
```

(2) 在结构体类型声明的同时定义结构体变量,称为声明之时定义方式。如:

```
struct  STUDENT
{
    //…
} stu1, stu2;           //定义结构体变量
```

（3）在声明结构体类型时，省略结构体名，直接定义结构体变量。如：

```
struct {
    // …
} stu1, stu2;          //定义结构体变量
```

3. 结构类型变量引用

当一个结构体变量定义之后，就可引用这个变量，并采用下列格式：

<结构体变量名>.<成员变量名>

例如：

```
struct POINT
{
    int x,   y;
} spot = {20, 30};
X = spot.x + spot.y;
```

4.6.4　联合体

联合体(union)定义格式：

```
union <共用体名>
{
    <成员定义1>;
    <成员定义2>;
        …
    <成员定义n>;
} [共用体变量名表];
```

【应用举例】

```
union NumericType
{
    int iValue;         //整型变量,4字节
    long lValue;        //长整型变量,4字节
    float fValue;       //实型,8字节
};
```

系统为 NumericType 开辟了 8 字节的内存空间，因为成员 fValue 是实型，所以它所占空间最大。

共用体在任一时刻只有一个成员处于激活状态，且共用体变量占用的内存长度等于各个成员中最长成员的长度，而结构体所占内存空间为各个成员长度之和。

在共用体中，各个成员使用同一地址。

4.6.5　typedef

用 typedef 定义新的数据类型名。

语法格式：

typedef <基本数据类型名> <新的类型名>；

其功能是将新的类型名赋予基本数据类型的含义，基本数据类型名可以是 char、short、int、long、float、double 等，也可以是带有 const、unsigned 或其他修饰符的基本类型名。

【应用举例】

```
typedef   int   INT ;              //定义新的数据类型说明符 INT
typedef   unsigned int UInt ;      //定义新的数据类型说明符 UInt
typedef   const int   CInt ;       //定义新的数据类型说明符 CInt
```

习题

1. 判断下列标识符的合法性并说明理由。

32767   35u   '\90'   .6   4int   2xy

2. 字符常量与字符串常量有什么区别？

3. 将下列代数式写成 C 语言表达式。

(1) Ax^2+bx+c；

(2) $(a+b)\div(a-b)+d$。

4. 设 $x=3,y=3$，说明下列各式运算后 x,y,z 的值并说明理由。

(1) $z=(++x)+(++x)+(++x)$；

(2) $z=-y++$。

5. 判断下列关系表达式或逻辑表达式的运算结果(1/0)。

(1) $10==9+1$；

(2) $0\&\&0$；

(3) $10\&\&8$；

(4) $!(3+1)$。

6. 简述 MCS-51 存储类型的作用和意义。

7. 比较 C 语言与 C51 类型的异同。

8. 简述 C51 类型定义 sfr、sbit 和 bit 的作用和意义。

9. 已知某寄存器 SCON 占片内数据存储器 RAM 一个字节存储单元，单元地址为 98H，可位寻址，位地址范围为 98H～9FH，格式及定义见表 4-10。

表 4-10 寄存器 SCON

D7	D6	D5	D4	D3	D2	D1	D0
SM0	SM1	SM2	REN	TB8	RB8	TI	RI

用 sfr 和 sbit 对 SCON 和 SCON 各位进行字节地址和位地址定义。

第 5 章

程序控制语句

微课视频

5.1 选择语句

C 语言设计条件语句 if 和开关语句 switch 实现程序的有条件跳转与分支。

1. 条件语句 if

格式:

if (<表达式 EXP1 >) <语句 STA1 >
[else<语句 STA2 >]

if、else 是 C 语言关键字, if 后的一对圆括号不能省略。

当表达式 EXP1 为 true 或不为 0 时, 执行语句 STA1。

当表达式 EXP1 为 false 或 0 时, 语句 STA2 被执行。其中, else 可省略, 变成简单的 if 语句:

if (<表达式 EXP >) <语句 STA >

当表达式 EXP 为 true 或不为 0 时, 语句 STA 被执行。

2. 开关语句 switch

格式:

```
switch ( <表达式 e> )
{
    case <常量表达式 v1 >     :[语句 s1]
    case <常量表达式 v2 >     :[语句 s2]
    ...
    case <常量表达式 vn>      :[语句 sn]
    [default         :语句 sn + 1]
}
```

switch、case、default 为关键字, 当表达式 e 的值与 case 中某个常量表达式的值相等时, 就执行该 case 中":"号后面的语句, 直至遇到 break 语句跳出。

多个 case 可以共用一组执行语句,如:

```
case 'B':
case 'b':cout <<"80 -- 89"<< endl;
    break;
```

当用户输入 B 或 b 时将得到相同的结果。

【应用举例】

```
switch(i)
{
    case 0:
        x = 10;break;
    case 1:
        x = 20;break;
    case 2:
        x = 30;break;
    default:
        x = 0;break;
}
```

5.2 循环语句

C 语言定义循环语句实现对某段程序体反复执行。

1. while 语句

格式:

```
while (<表达式 e>)
    {<语句 s>}
```

while 是 C 语言关键字,语句 s 是循环体,可以是一条语句,也可以是多条语句。当为多条语句时,需用花括号“{ }”括起来,使之成为块语句。

当表达式 e 为 true 或不为 0 时,开始执行 while 循环体中语句 s,每次执行会判断表达式 e 是否为 true 或不为 0,若为 false 或为 0,则终止循环。

2. do-while 语句

语句格式:

```
do {
    <语句 s>
}
while (<表达式 e>) ;
```

do 和 while 是 C 语言关键字,语句 s 是循环体。执行循环体,直到表达式 e 为 false 或为 0 时为止。

3. for 语句

语句格式：

for ([表达式 e1]; [表达式 e2]; [表达式 e3])
　　{<语句 s>}

for 是 C 语言关键字，语句 s 是循环体。执行流程见图 5-1。

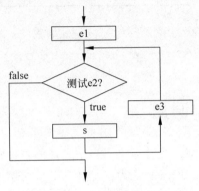

图 5-1　for 循环执行流程

5.3　break/continue/goto 语句

　　break 语句用于强制结束 switch 结构或从一个循环体跳出，提前终止循环。在循环语句 while、for、do-while 中，break 使循环提前结束，程序跳转到循环体后面的语句。break 只能结束包含它的最内层循环，不能跳出多重循环。

　　continue 只能出现在循环体中，提前结束本次循环，不终止整个循环的执行。对于 while 和 do-while 语句来说，continue 提前结束本次循环后，程序转到 while 后面的表达式。

　　goto 语句为无条件跳转语句，可实现从多重循环中跳出。

习题

　　1. 什么是结构化程序设计？简述其作用和意义。

　　2. 简述 C 语言中的 while 语句和 do while 语句的特点和应用场合。

　　3. 简述 break/continue/goto/return 语句的作用及应用场合。

　　4. 简述 C 语言程序设计特点。

　　5. 编程实现：输出 $y = x^2 + 1, x = 0 \sim 100$。

　　6. 分别用 while、do while 和 for 循环，设计延时程序 vDelay(unsigned int uiT)，其中 uiT 为延时参数。

第6章

函 数

6.1 函数的定义和调用

函数是程序的基本组成单位,是计算机语言中设计的一种模块化程序设计技巧,把具有相对独立功能的若干语句封装在一起,作为一个独立的模块使用。程序设计中,用函数名来代表该模块,可被反复调用。

一个 C 语言源程序由一个主函数(main())和若干个子函数组成,主函数是程序的入口和出口,每个函数完成相对独立的某项基本功能。

C 语言函数分为标准库函数和用户自定义函数。

标准库函数是由 C 语言系统提供,可由用户按照一定的规则使用的功能函数,功能强大、资源丰富、易于使用的标准库函数是 C 语言重要的组成部分。

用户自定义函数是由用户按照 C 语言函数定义规则,自行设计的函数。

1. 定义

函数定义格式:

<函数类型> <函数名> (<形式参数表>)
{
    <若干语句>
 }

函数定义由函数名、函数类型、形式参数表和函数体 4 部分组成。

函数名应是一个有效的 C 标识符,函数名后面必须跟一对圆括号,以区别于变量名及其他定义的标识符。

【应用举例】 计算两个整数的绝对值之和。

```
int sum( int x, int y)
{
    int z;
    if (x < 0) x = -x;
    if (y < 0) y = -y;
```

```
        z = x + y;
        return z;
}
```

x 和 y 是 sum 函数的形式参数,声明调用此函数所需要的参数个数和类型。

函数类型即函数返回值的数据类型。return 的后面可以是常量、变量或任何合法的表达式。

若函数类型是 void,函数体就不需要 return 语句。return 是函数的返回语句,一旦执行 return 语句,在函数体内 return 后面的语句就不再被执行。

2. 调用

函数调用格式:

<函数名>(<实际参数表>);

调用函数时,实参与形参的个数应相等,类型应一致,且按顺序对应,一一传递数据。

【应用举例】

```
X = sum(3,6);        //调用函数 sum()
Z = 1 + sum(3,6) + sum(1,2);
```

3. 声明

函数声明格式:

<函数类型> <函数名>(<形式参数表>);

函数声明仅是对函数的原型进行说明,即函数原型声明,其声明的形参名在声明语句中并没有任何语句操作它,因此形参名和函数定义时的形参名可以不同,且函数声明时的形参名还可以省略,但函数名、函数类型、形参类型及个数应与定义时相同。下面几种形式都是对函数 sum()原型的合法声明。

```
int sum(int a, int b);        //允许原型声明时的形参名与定义时不同
int sum(int, int);            //省略全部形参名
int sum(int a, int);          //省略部分形参名
int sum(int, int b);          //省略部分形参名
```

6.2 参数传递

C 语言中函数的参数传递方式包括按值传递和按地址传递。

1. 按值传递

当函数被调用时,根据实参和形参的对应关系将实际参数的值一一传递给形参,供函数执行时使用,这是最通用的函数调用方式。被调用函数的结果由被调用函数的 return 语句返回给调用程序。

实际参数和形式参数的类型必须一致，否则会发生类型不匹配错误。

【应用举例】

```
int iMax(int x, int y);          //比较大小,函数调用
{
    if (x > y)
        return x;
    else
        return y;
}
int z;
z = iMax(1,6) + iMax(2,7);        //调用
```

2. 指针参数
【应用举例】

```
int a = 7, b = 11;               //a,b 为定义的两个变量,有确定值
void max(int * x, int * y);       //函数声明
max(&a, &b);                     //函数调用.用 a 和 b 的指针带入 a 和 b 的值
```

3. 数组参数
可以用数组作为函数的参数。

【应用举例】

```
int iMax(int iD[6])              //取最大值
{
    int iM,i;
    iM = iD[0];
    for(i = 1;i < 6;i++)
        {
            if(iD[i] > iM)
                iM = iD[i];
        }
        return iM;
}
int iX[6] = {5,3,4,8,9,10};
int Y;
Y = iMax(iX);                    //函数调用,用数组 iX 为参数
```

当用数组作为函数的参数时，实参数组和形参数组的数据类型必须一致。

习题

1. C 语言中的函数有什么特性？ 函数的数据类型的意义是什么？
2. 如何实现函数返回多个值？

3. 用指针作为函数的参数，设计一个实现两个参数交换的函数。
4. 设计一个通用的延时函数。
5. 设计一个十进制到十六进制的数制转换函数。
6. 设计一个将整数转换为字符串的函数。

第三部分 片内资源程序设计

单片机片内资源包括I/O端口、中断、片内定时/计数器和串行通信端口,是单片机系统设计的基础。本部分着重讲述特殊功能寄存器SFR的定义与寻址,以及利用特殊功能寄存器实现对片内资源的控制和应用。

本部分包括:

第7章 输入/输出

针对I/O端口P0、P1、P2和P3的结构特点,设计了流水灯、按键、七段码显示和功率输出等应用实例,介绍I/O端口的程序设计原理和设计方法。结合应用实例,介绍利用缓冲器、锁存器和移位寄存器扩展I/O端口的原理和程序设计方法。

第8章 中断

中断是计算机处理随机事件的一种机制,也是单片机学习的难点之一。本章简要介绍中断的基本概念和基本原理,着重讲述利用特殊功能寄存器进行中断管理与控制的原理、方法和程序设计,介绍中断处理程序结构及设计方法。讲述利用查询和优先权编码器进行中断源扩展的原理及程序设计。

第9章 定时/计数器

介绍片内定时/计数器的结构、工作原理及工作方式,以及利用定时/计数器产生周期信号的原理和程序设计方法。讲述定时/计数器级联的原理、接口设计及程序设计。

第10章 串行通信

介绍了串行通信端口基本特性、基本结构、工作方式和串行通信控制寄存器的定义和应用。以单片机双机通信以及单片机与PC通信为应用,讲述串行通信接口和程序设计原理与设计方法。介绍串行通信端口扩展的设计原理与方法。

第 7 章

输入/输出

7.1　P0 口

利用 P0 口的一般 I/O 模式驱动左右流水灯,电路如图 7-1 所示,其中典型器件清单见表 7-1。

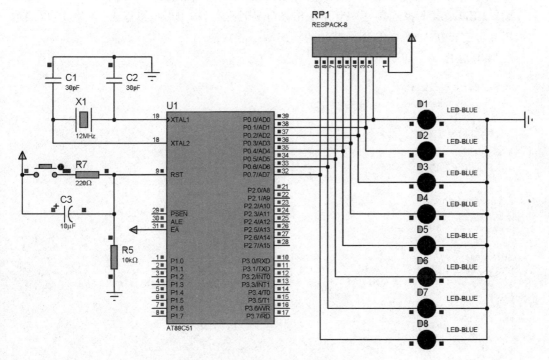

图 7-1　流水灯电路

表 7-1　典型器件清单

器件名称	器件编号	说　明
AT89C51	U1	单片机
晶振	X1	振荡电路
电容	C1、C2、C3	振荡电路，复位电路
电阻	R7、R5	限流，下拉
电阻排	RP1	上拉电阻，10kΩ
发光二极管	D1、D2、D3、D4、D5、D6、D7、D8	发光指示器件

1．原理图

利用 P0 口 8 个引脚输出，驱动 8 个 LED 循环亮灭，形成左右移动的流水灯效果。

X1 和电容 C1/C2 构成系统时钟电路。

按键、电阻 R7、R5 和电容 C3 构成上电复位和按键复位电路，提供系统复位需要的高电平，使系统复位。

P0 口工作于一般 I/O 模式，开漏输出，电阻排 RP1 为 P0 口上拉电阻。

8 个 LED 成共阴极连接，由 P0 口输出高电平时点亮，输出低电平熄灭。CMOS 电路输出端不允许直接接电源或地，不同芯片的输出端不能并接。

2．参考程序

```
#include < reg51.h>
void vDelay(unsigned int uiT)
{
  while(uiT -- );
}
void main()
{
  unsigned char i;
  while(1)
    {
     for(i = 0;i < 8;i++)
       {
        P0 = 0x01 << i; vDelay(9000);        //左移,从 P0 口输出,延时
       }
     for(i = 0;i < 8;i++)
       {
        P0 = 0x80 >> i;vDelay(9000);         //右移,从 P0 口输出,延时
       }
    }
}
```

3．开漏输出与上拉电阻

作一般 I/O 口使用时，P0 口被设计为开漏输出，如图 2-9 所示。这时控制信号 C 为 0，

使输出场效应管 T1 截止,T2 缺少正常工作需要的漏极电源,需要外接上拉电阻 RP1,见
图 7-2。

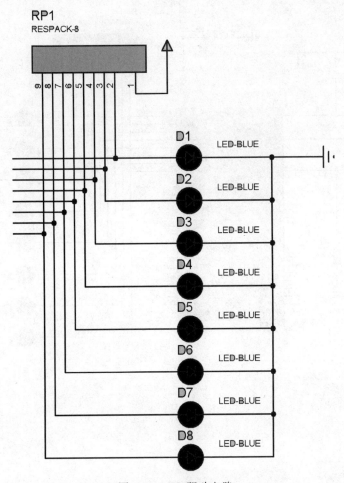

图 7-2　LED 驱动电路

7.2　P1 口

1. 原理图
设计一个按键控制 LED 左右流水,按键流水灯电路如图 7-3 所示。
按键按下,作左流水;按键未按下,作右流水。开关和 R2 构成 1 位按键。

2. 参考程序

```
#include<reg51.h>
sbit KEY = P2^0;          //P2^0 定义为按键
void vDelay(unsigned int uiT)
```

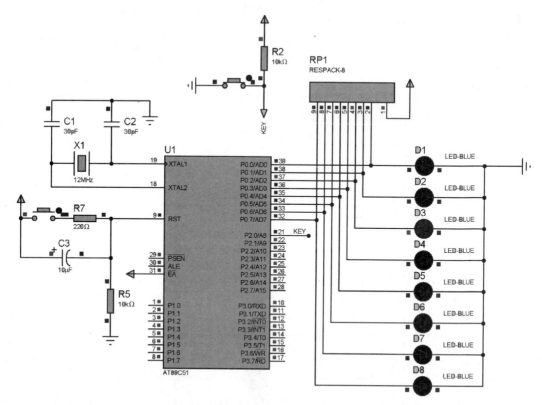

图 7-3　按键流水灯电路

```
{
  while(uiT -- );
}
void main()
{
  unsigned char i;
  while(1)
    {
    KEY = 1;               //送高电平
    if(KEY)                //按键未按,左流水灯
      {
        for(i = 0;i < 8;i++)
        {
          P0 = 0x01 << i;vDelay(0x8000);
        }
      }
    else                   //按下,右流水灯
      {
      for(i = 0;i < 8;i++)
        {
```

```
        P0 = 0x80 >> i;vDelay(0x8000);
      }
    }
  }
}
```

3. 按键设计与输入引脚处理

按键未按下时，KEY 通过 R2 上拉至电源，提供高电平。按下按键，KEY 接地，提供低电平，见图 7-4。

CMOS 电路的输入电阻一般都在 10MΩ 以上，经过 R2 电流很小，KEY 经过 R2 接电源，为高电平。按下按键，KEY 为低电平。CMOS 电路为高输入阻抗电路，输入端悬空时，呈现高阻态，既不为高，也不为低，因此输入端不能悬空。

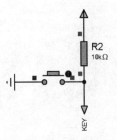

图 7-4　KEY 按键电路

7.3　P2 口

驱动 7 段 LED 循环显示 0～9 数字，其电路见图 7-5。

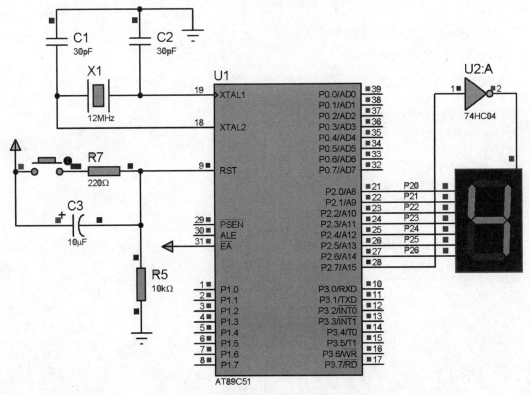

图 7-5　七段码 LED 显示驱动电路

1. 原理图

用 P2 口驱动七段 LED 显示。P2.0～P2.6 提供 7 位段码，P2.7 为公共端。7404 接 P2.7，保证公共端有足够的驱动电流。

2. 参考程序

```
# include < reg51.h >
//七段 LED 显示码
unsigned char code LED[10] =
 //显示码被定义为 code 存储类型,保存在程序存储器中
 {                      //定义表格用 code,存放到程序存储区
     0x3F,              //"0"的字形表,0B00111111
     0x06,              //"1"的字形表,0B00000110
     0x5B,              //"2"的字形表,0B01011011
     0x4F,              //"3"的字形表,0B01001111
     0x66,              //"4"的字形表,0B01100110
     0x6D,              //"5"的字形表,0B01101101
     0x7D,              //"6"的字形表,0B01111101
     0x07,              //"7"的字形表,0B00000111
     0x7F,              //"8"的字形表,0B01111111
     0x6F,              //"9"的字形表,0B01101111
 };
//////延时程序///////////////
void vDelay(unsigned int uiT)
{
  while(uiT -- );
}
////////////////////主程序////////
void main()
{
  unsigned char i;
  while(1)
    {
      for(i = 0;i < 8;i++)
       {
         P2 = ~LED[i]&0X7F;      //送显示码
         vDelay(0x8000);         //延时
         P2 = 0xFF;              //关闭
       }
    }
}
```

7.4 P3 口

通过功率晶体管驱动较大功率负载，如扬声器、灯、电机等。

7.4.1 一般驱动接口

1. 原理图

接口电路见图 7-6。P3.0 经 7404 和光隔离器驱动 LAMP。光隔离器需要 50mA 以上驱动电流,7404 起功率放大作用。利用光隔离器将控制回路(弱电回路)和强电回路(外电路)隔离,保证控制系统的安全性。

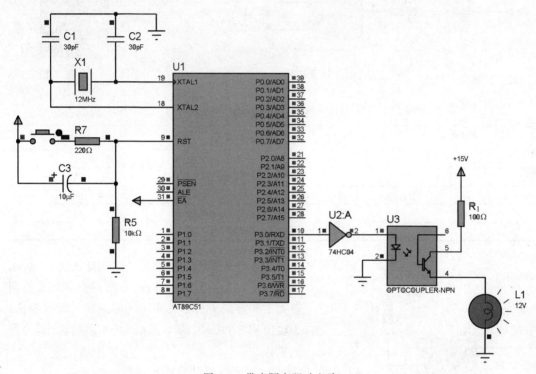

图 7-6 带光隔离驱动电路

2. 参考程序

```
# include < reg51. h>
sbit PowerOut = P3^0;               //控制口
void main()
{
    PowerOut = 0;                   //开
    while(1);
}
```

7.4.2 光隔离及功率输出

1. 光耦合器原理

光耦合器原理图如图 7-7 所示。光耦合器由发光源和受光器组成,封闭在同一个不透明的管壳内由绝缘透明树脂隔离开。控制回路导通时，发光源发光，使受光器导通，从而使被控制回路导通。

2. 光耦合器件

Proteus 中的光耦合器模型如图 7-8 所示，其引脚说明见表 7-2。

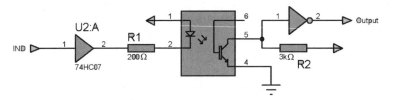

图 7-7　光耦合器原理图

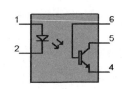

图 7-8　光耦合器模型

表 7-2　引脚说明

引脚号	说　　明
1	控制侧电平输入端＋
2	控制侧电平输入端－
5	输出侧高电压端
4	输出侧低电压端
6	输出侧控制端

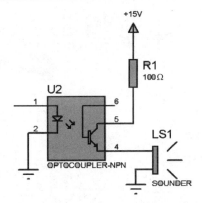

图 7-9　带光隔离功率输出接口

控制输入 1 和控制输入 2 之间输入正向电压，则输出端 5 和输出端 4 导通，外部回路导通。控制输入 1 和控制输入 2 之间无压差或输入反向电压，则输出端 5 和输出端 4 截止，外部回路截止，为开关量控制。

3. 带光隔离功率输出接口

带光隔离功率输出接口如图 7-9 所示。

控制信号从光隔离器件 U2 的 1 脚输入，高电平使控制端发光二极管发光，控制功率端电路闭合。

7.5　并行输入接口扩展

利用串-并移位寄存器可实现 I/O 端口输入端口扩展。

7.5.1　CD4014/74LS165

CD4014/74LS165 为最常用的串-并移位寄存器。

1. CD4014

CD4014 为 8 位并入-串出移位寄存器,可编程实现并行 8 位二进制数的锁存和移位,可级联,引脚见图 7-10。

各引脚说明如下。

D[7..0]:8 位数据并行输入端。

SIN:串行数据输入端,用于多片 CD4014 级联。

CLK:时钟输入,用于串行移位和并行数据置位,上升沿有效。

P/S:并/串选择,P/S=1,并行置位工作方式,在 CLK 上升沿,将并行数据置入锁存; P/S=0,串行移位工作方式。

Q7、Q6、Q5:移位寄存器高 3 位输出端。

2. 74LS165

74LS165 为 8 位并入-串出移位寄存器,可编程实现并行 8 位二进制数的锁存和移位,引脚见图 7-11。

图 7-10　CD4014 引脚　　　　图 7-11　74LS165 引脚

各引脚说明如下。

D[7..0]:8 位并行输入端。

SI:串行数据输入端,用于多片级联。

CLK:时钟脉冲输入,用于串行移位,上升沿有效。

SH/LD:移位/置数端,SH/LD=1,移位工作方式,在 CLK 上升沿,串行移位;SH/LD=0, 将并行数据置入,并行数据置入与时钟无关。

QH:串行数据输出。

$\overline{QH}$:串行数据反相输出。

INH:时钟禁止端。

可编程实现并行 8 位二进制数的锁存和移位,可级联。

7.5.2　CD4014 实现并行输入接口扩展

1. 原理图

用 2 片 CD4014 级联,实现 16 位并行输入接口电路,见图 7-12。

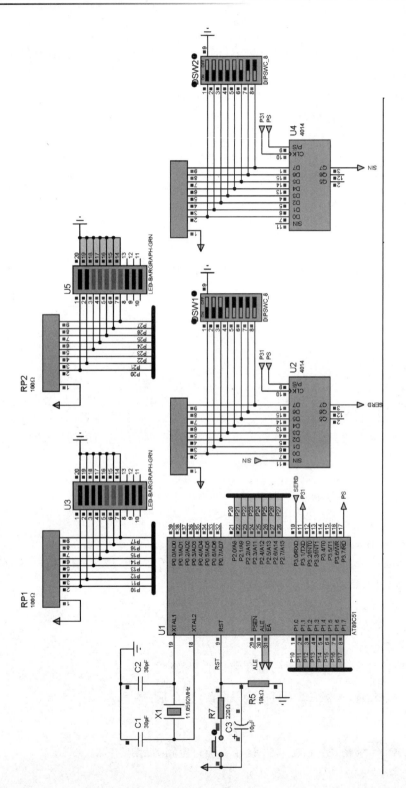

图 7-12 16 位并行输入接口电路

各信号定义如下。

SCLK：串行移位/并行锁存时钟，输入。

P/S：工作模式选择，P/S＝0，串行移位工作方式；P/S＝1，并行数据置入方式，在 CLK 上升沿将并行数据 D15～D0 置入。

SERD：串行数据输出端。

DI[15..0]：16 位并行数据输入端。

2. 工作过程

（1）P/S＝1，2×8 位并行数据锁存。

（2）P/S＝0，移位模式，在 CLK 移位脉冲下，16 位并行数据转换为串行数据从 SERD 输出。

3. 参考程序

```c
# include < reg51.h >
# include < absacc.h >
sbit PL = P3^7;
sbit PCLK = P3^1;
void vDelay(unsigned int uiT)
{
  while(uiT -- );
}


void main()
{
    unsigned char ucD = 0, i;
    while(1)
    {
        PL = 1;
        PCLK = 0; PCLK = 1;            //并行数据锁存
        PL = 0;
        SCON = 0x00;
        REN = 1;
        while(!RI);
        ucD = SBUF;                    //第 1 个 8 位数据输入
        RI = 0;
        P1 = ~ucD;
        vDelay(1000);
        while(!RI);
        ucD = SBUF;                    //第 2 个 8 位数据输入
        RI = 0;
        P2 = ~ucD;
    }
}
```

7.5.3 74LS165 实现并行输入接口扩展

1. 原理图

用 2 片 74HC165 级联，实现 16 位并行输入接口电路，见图 7-13。

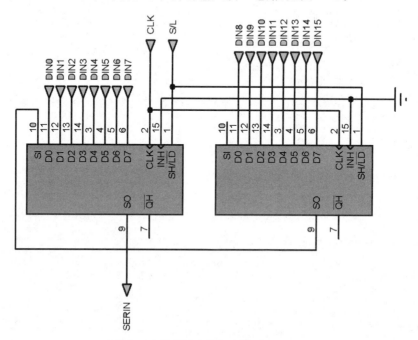

图 7-13 并行输入接口电路(74LS165)

各信号定义如下。

CLK：串行移位/并行锁存时钟，输入。

SH/LD：工作模式选择，SH/LD=1，串行移位工作方式；SH/LD=0，并行数据置入方式，在 CLK 上升沿将并行数据置入。

SERIN：串行数据输出端。

SI：串行数据输入端，级联用。

DIN[15..0]：并行数据输入端。

INH：禁止端，可接片选信号。接地则始终允许。

该模块可工作于 MCS-51 串行口工作方式 0（同步移位寄存器工作方式，见本书第 10 章串行通信），只需初始化串行口为工作方式 0，CLK 连接单片机 TXD(P3.1)，由单片机提供移位脉冲，SERIN 连接单片机 RXD(P3.0)，即可按串口方式 0 接收模式读取数据，程序设计简单，但占用单片机串行端口。

为节省串口资源，可采用模拟串行工作方式 0 的方式，即采用 2 个 I/O 引脚，模拟串行通信方式 0 需要的时钟信号和数据信号，连接见图 7-14。

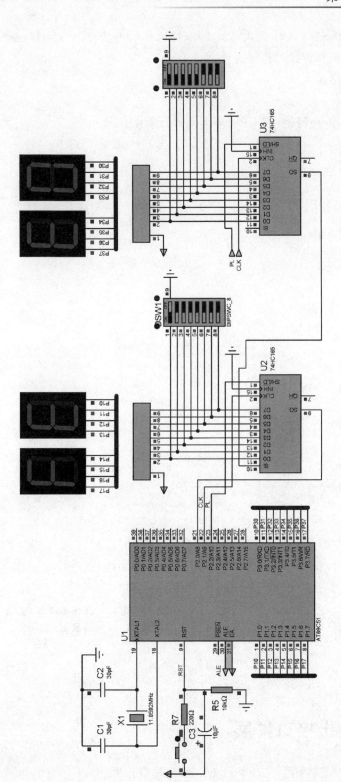

图7-14 模拟同步移位寄存器工作方式

P2.2：控制 74LS165 工作模式，P2.2＝0 为锁存模式，P2.2＝1 为移位寄存器模式。

P2.1：模拟产生移位脉冲信号。

P2.0：串行数据输入端。

2. 参考程序

在程序中实现串-并转换，在 CPU 中得到并行数据。

```
# include < reg52.H >
# include < intrins.h >
# define NOP()   _nop_()
sbit    CLK   = P2^1;
sbit    IN_PL  = P2^2;
sbit    IN_Dat = P2^0;

unsigned char ReHC74165(void)
{
  unsigned char i,ucD;
  ucD = 0;
  for(i = 0; i < 8; i++)
    {
      ucD = ucD << 1;
      if(IN_Dat == 1)ucD = ucD + 1;
      CLK = 0;
      NOP();
      CLK = 1;
    }
 return ucD;
}

void main()
{
  while(1)
  {
   IN_PL = 0; NOP(); IN_PL = 1;NOP();
   P1 = ReHC74165();                    //送 2 位七段 LED 显示器显示,BCD 码
   P3 = ReHC74165();                    //送 2 位七段 LED 显示器显示,BCD 码
  }

}
```

7.6 并行输出接口扩展

可利用串-并移位寄存器，实现并行 I/O 输出端口扩展。

7.6.1　74HC164/74HC595

74HC164/74HC595 为最常用的串-并移位寄存器。

1. 74HC164

74HC164 为 1 位串入-8 位并出移位寄存器,可级联,引脚及功能分别见图 7-15 和表 7-3。

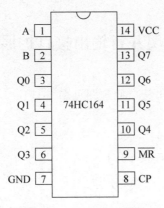

图 7-15　74HC164 引脚

表 7-3　74HC164 功能

输入				输出							
CLR	CLK	A	B	Q0	Q1	Q2	Q3	Q4	Q5	Q6	Q7
L	X	X	X	L	L	L	L	L	L	L	L
H	↑	L	L	L	Q0	Q1	Q2	Q3	Q4	Q5	Q6
H	↑	L	H	L	Q0	Q1	Q2	Q3	Q4	Q5	Q6
H	↑	H	L	L	Q0	Q1	Q2	Q3	Q4	Q5	Q6
H	↑	H	H	H	Q0	Q1	Q2	Q3	Q4	Q5	Q6

各引脚说明如下。

Q[7..0]:8 位并行输出。

Q7:级联输出。

A、B:串行数据输入。

CLR:数据清 0。

CLK:移位时钟。

数据通过两个输入端(A 和 B)的一串行输入,任一端可用作高电平使能,控制另一端的输入。

2. 74HC595

74HC595 为 1 位串入-8 位并出移位寄存器,可级联,引脚见图 7-16。

各引脚说明如下。

Q[7..0]:8 位并行输出。

Q7'：级联输出。

DS：串行数据输入。

$\overline{\text{MR}}$：低电平时将 74LS595 数据清 0。

SH_CP：移位时钟，在上升沿将数据移位，下降沿寄存器数据保持。

ST_CP：锁存时钟。

$\overline{\text{OE}}$：输出使能。

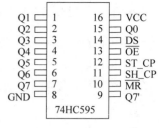

图 7-16 74HC595 引脚

7.6.2 74HC164 实现并行输出接口扩展

1. 原理图

4 片 74HC164 级联扩展输出接口原理图见图 7-17。

各信号定义如下。

A&B：串行输入，连接 P1.0。

CLK(MTXD)：移位时钟，连接 P1.1。

D0～D31：并行输出。

2. 参考程序

```c
# include < reg51.h >
# include < absacc.h >
sbit DAT = P1^0;
sbit CLK = P1^1;
void vDelay(unsigned int uiT)
{
  while(uiT -- );
}

void vSendByte(unsigned char ucD)
{
  unsigned char i;
  for(i = 0;i < 8;i++)
  {
    CLK = 0;DAT = ucD&0x01;CLK = 1;
    ucD = ucD >> 1;
  }
}

void main()
{
    unsigned char i;
    vSendByte(0x01);
    vSendByte(0x02);
    vSendByte(0x03);
    vSendByte(0x04);
    while(1);
}
```

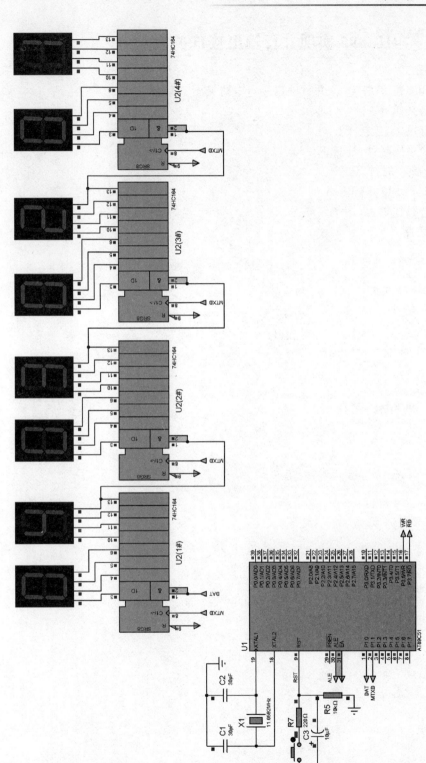

图 7-17 32 位并行输出接口电路（74HC164）

7.6.3 74HC595实现并行输出接口扩展

1. 原理图

2片74HC595扩展16位并行输出接口电路见图7-18。

各信号定义如下。

DS：串行输入，连接P3.4。

SH_CP：移位时钟，连接P3.6。

ST_CP：锁存时钟，P3.5。

D0~D15：16位并行输出。

SR：串行数据输出，用于级联。

2. 参考程序

```c
# include < reg51.h >
# include < intrins.h >
sbit SRCLK = P3^6;
sbit RCLK = P3^5;
sbit SER = P3^4;
void Hc595SendByte(unsigned char dat);
void Delay(unsigned int ) ;

void main()
{
    Hc595SendByte(0x55);
    Hc595SendByte(0xaa);
    while(1);
}

void Hc595SendByte(unsigned char dat)
{
    unsigned char i;
    SRCLK = 1;
    RCLK = 1;
    for(i = 0;i < 8;i++)              //发送8位数
    {
        SER = dat >> 7;              //从最高位开始发送
        dat <<= 1;
        SRCLK = 0;                  //发送时序
        _nop_();  _nop_();
        SRCLK = 1;
    }
    RCLK = 0;
    _nop_();  _nop_();
    RCLK = 1;
}

void Delay(unsigned int uiT)
{
    while(uiT -- );
}
```

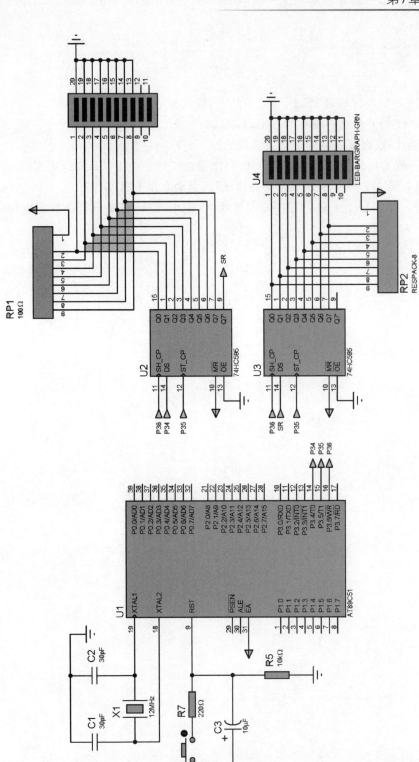

图 7-18 16 位并行输出接口电路(74HC595)

习题

1. 简述 8051 四个并行端口 P0、P1、P2 和 P3 的特性和功能。

2. 为什么 8051 的并行端口被称为准 I/O 端口？

3. P0 口的地址/数据复用功能是如何实现的？

4. P3 口作一般 I/O 用是如何实现的？ P3 口作第二特殊功能用又是如何实现的？

5. 接口设计：用 74LS138 扩展 8 位并行输出口，驱动 8 个 LED。

6. 接口设计：用 74LS164 和 74LS165 设计输入/输出接口，将 8 位开关状态输出到 8 位 LED。

第 8 章

中　断

8.1　中断原理

中断是单片机系统设计与开发中最重要的资源之一,可有效提高系统的实时性和工作的有效性。

8.1.1　中断源与中断请求

1. 中断

中断是计算机有效处理随机发生事件的一种机制。在主程序运行过程中,CPU 暂时停止运行当前程序而去执行针对中断的相应处理程序。待处理程序结束后,返回主程序继续执行主程序。中断技术实现了 CPU 与外部设备并行工作,提高了 CPU 工作效率和系统的实时性。

整个中断过程包括中断请求、中断响应、中断处理和中断返回 4 个环节,如图 8-1 所示。

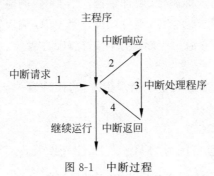

图 8-1　中断过程

2. 中断源

向 CPU 提出中断请求的事件称为中断源。8051 提供 2 个外部请求中断、2 个定时/计数器中断和一个串行通信中断,具有 2 个中断优先级。CPU 在响应中断请求时,采用硬件中断向量法,自动形成转向该中断源对应的处理程序入口地址,中断源及中断向量见表 8-1。

表 8-1　中断源及中断向量

中断编号	中断源	中断标志	入口地址	优先级
0	$\overline{INT0}$ 外部中断 0	IE0	0003H	高
1	定时/计数器 0	TF0	000BH	
2	$\overline{INT1}$ 外部中断 1	IE1	0013H	
3	定时/计数器 1	TF1	001BH	低
4	串行口中断	TI/RI	0023H	

8.1.2　中断控制寄存器

利用 4 个特殊功能寄存器(TCON、SCON、IE、IP)，实现中断管理和控制。

1．定时/计数控制寄存器(TCON)

字节地址为 88H,位地址范围为 88H～8FH,定义见表 8-2。

表 8-2　TCON 寄存器定义

TCON	D7	D6	D5	D4	D3	D2	D1	D0
位名	TF1	TR1	TF0	TR0	IE1	IT1	IE0	IT0
位地址	8FH	8EH	8DH	8CH	8BH	8AH	89H	88H

IT0：外部中断请求 $\overline{INT0}$(P3.2)触发方式选择,IT0＝1,下降沿触发。IT0＝0,低电平触发。

IT1：外部中断请求 $\overline{INT1}$(P3.3)触发方式选择,IT1＝1,下降沿触发。IT1＝0,低电平触发。

IE0：外部中断 $\overline{INT0}$ 请求标志位,硬件置位。当 CPU 响应中断时,硬件复位。

IE1：外部中断 $\overline{INT1}$ 请求标志位,硬件置位。当 CPU 响应中断时,硬件复位。

TF0：定时/计数器 T/C0 溢出中断请求标志位,硬件置位。当 CPU 响应中断时,硬件复位。

TF1：定时/计数器 T/C1 溢出中断请求标志位,硬件置位。当 CPU 响应中断时,硬件复位。

2．串行口控制寄存器(SCON)

字节地址为 98H,位地址范围为 98H～9FH,定义见表 8-3。

表 8-3　SCON 寄存器定义

D7	D6	D5	D4	D3	D2	D1	D0
						TI	RI
						99H	98H

RI：串行通信帧数据接收中断请求标志位，硬件置位。CPU 响应串行通信、完成数据接收后，需要在中断处理程序中使 RI＝0，复位接收中断请求标志 RI。

TI：发送中断请求标志位，硬件置位。CPU 响应串行通信、完成数据发送后，需要在中断处理程序中使 TI＝0。

3. 中断允许寄存器（IE）

8 位寄存器，字节地址为 A8H，位地址范围为 A8H～AFH，定义见表 8-4。

表 8-4　IE 寄存器定义

D7	D6	D5	D4	D3	D2	D1	D0
EA	—	—	ES	ET1	EX1	ET0	EX0
AFH			ACH	ABH	AAH	A9H	A8H

EA：1 为 CPU 开中断，0 为 CPU 关中断。

ES：1 为串行通信中断允许，0 为串行通信中断禁止。

ET1/ET0：1 为定时/计数器中断允许，0 为定时/计数器中断禁止。

EX1/EX0：1 为外部中断允许，0 为外部中断禁止。

复位后，IE＝00H，全部中断被禁止。

4. 中断优先级（IP）

字节地址为 B8H，可位寻址，位地址范围为 B8H～BFH，1 为高级，0 为低级，定义见表 8-5。

表 8-5　IP 定义

D7	D6	D5	D4	D3	D2	D1	D0
			PS	PT1	PX1	PT0	PX0
			BCH	BBH	BAH	B9H	B8H

PS：串行口中断优先级，1 为高级；0 为低级。

PT1/PT0：定时/计数器中断优先级。

PX1/PX0：外部中断优先级。

复位后：IP＝00H。

在同样优先级下，内部硬件链路查询中断优先级顺序为外部中断 0 最高，串行中断最低，查询顺序：外中断 $\overline{INT0}$→定时中断 T/C0→外中断 $\overline{INT1}$→定时中断 T/C1→串行中断。

8.2　中断处理

中断处理由中断处理程序完成。

8.2.1 中断响应过程

1. 中断请求

定时/计数器 T/C0、定时/计数器 T/C1 和串行中断请求在系统内部完成，中断请求后，请求标志位被置位。

外部中断 $\overline{\text{INT0}}$ 和 $\overline{\text{INT1}}$ 的中断请求信号从 P3.2 和 P3.3 引脚输入，中断请求后，请求标志位被置位。

2. 中断响应

当中断源提出中断请求后，同时满足下列条件时，中断请求被响应。

① CPU 的中断允许位 EA(IE.7)置位。

② 相应的中断允许位被置位，即某个中断源允许中断。

若遇到以下任一情况，则系统不响应此中断。

① 当前 CPU 正在处理比申请源高级或与申请源同级的中断。

② 当前正在执行的指令没有执行完成。

③ 正在访问 IE、IP 中断控制寄存器或执行 RETI 指令。

3. 中断处理程序入口地址

系统将片内程序存储器 0003H～002AH 区域，设计为中断服务程序入口地址区，见表 8-6。

表 8-6　中断服务程序入口地址

地址范围	指令	跳转地址
0003H～000AH	LJMP	$\overline{\text{INT0}}$ 中断处理程序入口地址
000BH～0012H	LJMP	定时/计数器 0 中断处理程序入口地址
0013H～001AH	LJMP	$\overline{\text{INT1}}$ 中断处理程序入口地址
001BH～0022H	LJMP	定时/计数器 1 中断处理程序入口地址
0023H～002AH	LJMP	串行口中断处理程序入口地址

LJMP 为无条件跳转指令。CPU 响应中断请求后，由硬件自动转向与该中断源对应的处理程序入口地址，利用预先安排的 LJMP 无条件跳转指令，跳转至相应中断处理程序入口。

8.2.2 中断处理程序设计

1. 中断处理程序格式

C51 定义中断处理程序格式：

返回值 函数名([参数]) interrupt n using m
　　{

　　}

interrupt：C51 定义中断程序的关键词。

n：中断源编号。

m：0～3 寄存器组选择，用于中断现场保护。

using 不允许用于外部函数。

using 影响操作：

① 当前寄存器组保留。

② 使用指定的寄存器组。

③ 函数退出前，寄存器组恢复。

2. $\overline{INT0}$ 中断设计

设置 $\overline{INT0}$ 低电平触发，控制 LED 翻转，接口电路见图 8-2。

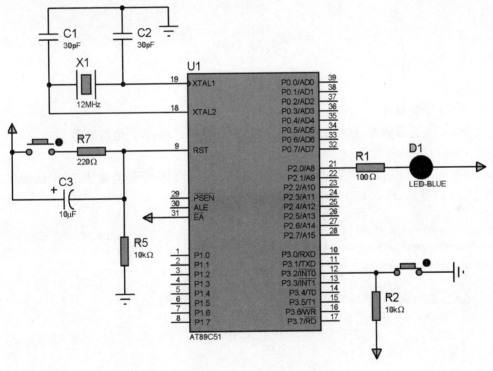

图 8-2　外部中断 $\overline{INT0}$ 接口电路

1）原理图

按键按下时，$\overline{INT0}$ 为低电平，提供 $\overline{INT0}$ 引脚提出中断请求。在中断处理程序中，将 P2.0 引脚翻转，模拟对 $\overline{INT0}$ 中断的响应和处理。

2）参考程序

```
# include < reg51.h>
```

```
sbit LED = P2^0;                                //LED 控制
sbit KEY = P3^2;
void vDelay(unsigned int uiT)
{
   while(uiT -- );
}
void vINT0Fun() interrupt 0 using 2            //INT0 中断处理程序
{
   LED = ! LED;                                 //LED 翻转
   while(KEY == 0);                             //等待按键释放
   }
//////主程序///
 void main()
{
        IE = 0x81;                              //开中断,INT0 中断允许
        IT0 = 0;                                //低电平触发
        while(1);
}
```

3. INT1 中断设计

设置 $\overline{INT1}$ 边沿触发,中断 1 次,8 位 LED 循环计数显示,接口电路见图 8-3。

1) 原理图

按键连接 $\overline{INT1}$ 引脚,产生下降沿,触发 $\overline{INT1}$ 中断,在中断处理程序中,中断计数,并送 P0 口 LED 显示,模拟 $\overline{INT1}$ 的中断响应和中断处理。

2) 参考程序

```
# include < reg51. h >
void vINT1Fun() interrupt 2 using 2            //INT0 中断处理程序
{
   static unsigned char ucN = 0;
   ucN = (ucN + 1) % 16;                        //中断计数,不超过 16
   P0 = ucN;                                    //送 LED 显示
 }
void main()
{
  P0 = 0;
  EA = 1; EX1 = 1;                              //开中断,INT0 中断允许
  IT1 = 1;                                      //下降沿触发
  while(1);
}
```

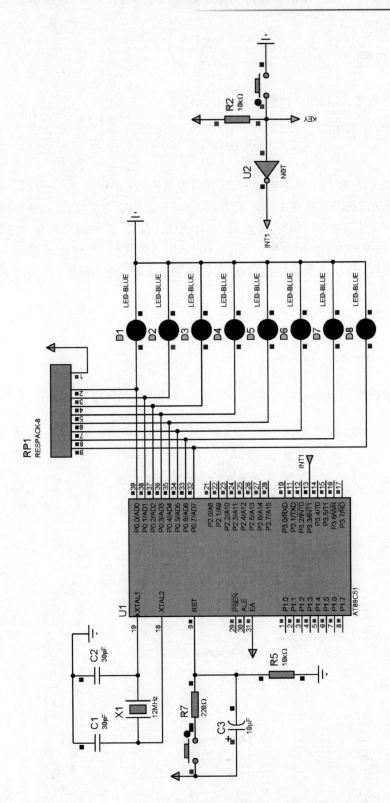

图 8-3 外部中断 INT1 接口电路

8.3 中断扩展

单片机中断源有限,可利用查询中断方式和编码器方式予以扩展。

8.3.1 查询中断

1. 原理图

采用中断查询方式,扩展 8 路外部中断源,接口电路见图 8-4。

8 路外部中断请求信号连接在 P1 口,同时,将 8 路外部中断请求信号,经或非门 U2 连接在 $\overline{INT0}$ 端。当有外部中断请求时,则触发 $\overline{INT0}$ 中断,在 $\overline{INT0}$ 中断处理程序中读入 P1 口状态,对应为 1 的位即为中断请求位。从 P1.0 向 P1.7 查询时,P1.0 有最高优先权;从 P1.7 向 P1.0 查询时,P1.7 有最高优先权,可在软件中灵活设置查询顺序,可从任一位开始查询。

2. 参考程序

```c
# include < reg51.h >
void vINT1Fun() interrupt 0 using 2
{
  unsigned char ucN = 0;
  ucN = P1;
  if(ucN&0x01)
    {
        INTR0Fun();
        return;                 //中断 INTR0 处理程序
    }
  if(ucN&0x02)
    {
        INTR1Fun();
        return;                 //中断 INTR1 处理程序
    }
  if(ucN&0x04)
    {
        INTR2Fun();
        return;                 //中断 INTR2 处理程序
    }
  if(ucN&0x08)
    {
        INTR3Fun();
        return;                 //中断 INTR3 处理程序
```

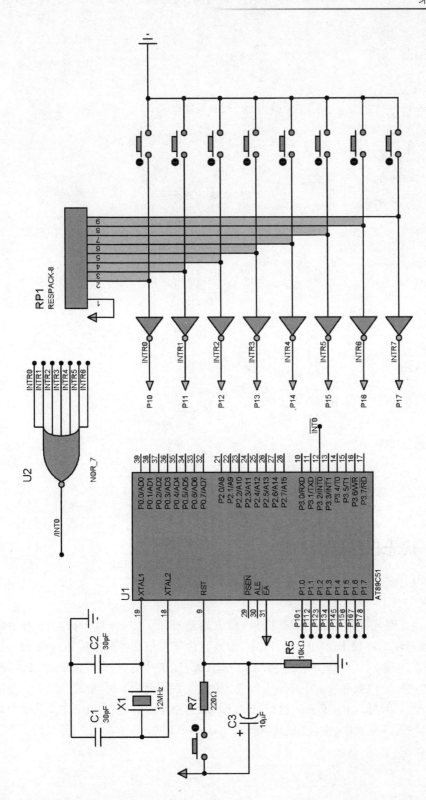

图 8-4 查询中断接口电路

```
        }
     if(ucN&0x10)
        {
            INTR4Fun();
            return;                        //中断 INTR4 处理程序
        }
     if(ucN&0x20)
        {
            INTR5Fun();
            return;                        //中断 INTR5 处理程序
        }
      if(ucN&0x40)
        {
            INTR6Fun();
            return;                        //中断 INTR6 处理程序
        }
      if(ucN&0x80)
        {
            INTR7Fun();
            return;                        //中断 INTR7 处理程序
        }
  }
void main()
{
    EA = 1;EX0 = 1;                        //开中断,INT0 中断允许
    IT0 = 1;                               //下降沿触发
    while(1);
}
```

8.3.2　优先权编码器扩展中断

利用 74HC148 实现 8 路中断源扩展,接口电路见图 8-5。

1. 原理图

74HC148 为 8 路优先权编码器,EI 接地,输入始终有效。GS 连接 $\overline{INT0}$,作为中断请求信号。3 位编码输出连接 P2.2、P2.1、P2.0,为当前优先权最高的外部请求信号的 3 位二进制编码。P3.7 连接 74HC148 的输出使能 EO 端,当 P3.7 为高时,允许编码输出。

无中断发生时,运行主程序,MainLed 闪烁,模拟主程序运行。中断发生时,主程序停止运行,MainLed 不闪烁,相应子程序运行,INTLED0~INTLED7 闪烁 100 次,模拟中断处理程序运行,然后返回主程序,主程序继续运行,MainLed 闪烁。

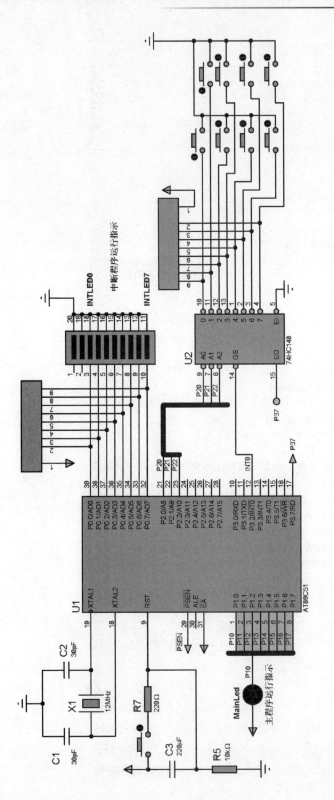

图 8-5 优先权编码中断扩展接口电路

2. 参考程序

```
# include < reg51. h>
# include < intrins. h>
# define UN8 unsigned char
# define UN16 unsigned int
sbit EO = P3^7;
void vDelay(UN16 unTimer)
{
  while(unTimer -- );
}
void vInt0() interrupt 0
{
  unsigned char ucD, ucIn, i;
  ucD = (~P2)&0x07;
  P1 = 0xff;                          //MainLed 停止闪烁
  switch(ucD)
   {
     case 0:ucIn = 0x01;break;
         //INT0 中断处理,INTLED0 闪烁 100 次,然后返回主程序
     case 1:ucIn = 0x02;break;
         //INT1 中断处理,INTLED1 闪烁 100 次,然后返回主程序
     case 2:ucIn = 0x04;break;
         //INT2 中断处理,INTLED2 闪烁 100 次,然后返回主程序
     case 3:ucIn = 0x08;break;
         //INT3 中断处理,INTLED3 闪烁 100 次,然后返回主程序
     case 4:ucIn = 0x10;break;
         //INT4 中断处理,INTLED4 闪烁 100 次,然后返回主程序
     case 5:ucIn = 0x20;break;
         //INT5 中断处理,INTLED5 闪烁 100 次,然后返回主程序
     case 6:ucIn = 0x40;break;
         //INT6 中断处理,INTLED6 闪烁 100 次,然后返回主程序
     case 7:ucIn = 0x80;break;
         //INT7 中断处理,INTLED7 闪烁 100 次,然后返回主程序
     default:ucIn = 0x00;
   }
   for(i = 0;i < 100;i++)
   {
     P0 = ucIn; vDelay(0x1000);
     P0 = 0; vDelay(0x1000);
   }
   EO = 1;
}

void main()
{
  IE = 0x81; IT0 = 0;
```

```
        EO = 1;
        while(1)
          {
          P1 = ~P1;vDelay(0x1000);          //主程序运行,MAINLED 闪烁
          }
     }
```

3. 优先权编码器 74HC148

74HC148 为 8-3 优先权编码器,引脚见图 8-6,引脚定义见表 8-7,功能见表 8-8。

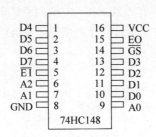

图 8-6　74HC148 引脚

表 8-7　74HC148 引脚定义

引脚	功　能
D0～D7	8 路信号输入端,低电平有效
$\overline{EI}$	选通输入端,低电平有效
A2～A0	3 位二进制编码输出
EO	输出使能
$\overline{GS}$	宽展端,低电平有效

表 8-8　74HC148 引脚功能

输　入									输　出				
$\overline{EI}$	0	1	2	3	4	5	6	7	A2	A1	A0	$\overline{GS}$	EO
H	X	X	X	X	X	X	X	X	H	H	H	H	H
L	H	H	H	H	H	H	H	H	H	H	H	H	L
L	X	X	X	X	X	X	X	L	L	L	L	L	H
L	X	X	X	X	X	X	L	H	L	L	H	L	H
L	X	X	X	X	X	L	H	H	L	H	L	L	H
L	X	X	X	X	L	H	H	H	L	H	H	L	H
L	X	X	X	L	H	H	H	H	H	L	L	L	H
L	X	X	L	H	H	H	H	H	H	L	H	L	H
L	X	L	H	H	H	H	H	H	H	H	L	L	H
L	L	H	H	H	H	H	H	H	H	H	H	L	H

在 $\overline{EI}$ 和 EO 同时有效条件下,若 0～7 引脚至少有一位有效信号输入(低电平),则

A2A1A0 输出优先权最高信号位的二进制编码，并且 $\overline{\text{GS}}$ 输出低电平。优先级为 D7 最高，D0 最低。

习题

    1. 简述中断的作用和意义。

    2. 简述 MCS-51 的中断转移机制。

    3. 比较 MCS-51 的中断转移方式和 8086 中断向量表转移方式的区别。

    4. 设计：利用外部中断 $\overline{\text{INT0}}$ 设计一个抢答器。

    5. 简述查询中断的基本原理及其特点。

## 第 9 章

定时/计数器

微课视频

9.1 基本特性

片内配置 2 个 16 位定时/计数器 T/C0 和 T/C1,可软件设定为定时工作方式或计数工作方式,用于定时控制、延时、对外部事件计数和检测。

T/C0 和 T/C1 分别由 2 个 8 位寄存器 TH 和 TL 构成定时/计数初值寄存器,形成 16 位加 1 定时/计数器。

利用定时/计数方式寄存器(TMOD)和定时/计数控制寄存器(TCON),实现对定时/计数器的初始化和控制。

定时/计数器和 CPU 并行工作,在对内部时钟或对外部事件计数时,不占用 CPU,只在定时/计数溢出时(定时/计数到),才通过中断请求使 CPU 暂停当前操作,进入定时/计数中断处理程序。

1. 定时方式

在定时工作方式下,计数频率 $f_T = f_{OSC}/12$,T/C 对系统振荡频率 12 分频(机器周期)的脉冲计数,每个机器周期计数值加 1。f_{OSC} 为固定且稳定的周期信号,可用来定时。在系统采用 12MHz 晶体振荡器时,计数频率为 1MHz,计数周期为 $1\mu s$,每 $1\mu s$ 计数值加 1。

2. 计数方式

在计数工作方式下,计数脉冲来自外部输入引脚 T0(P3.4)和 T1(P3.5),在 T0 和 T1 下降沿,计数寄存器加 1。

CPU 在每个机器周期的 S5P2 期间检测输入引脚 T0 或 T1 电平。若前一个机器周期采样为高电平,后一个机器周期采样为低电平,则在下一个机器周期的 S3P1 使计数器加 1。因此,系统需要 2 个机器周期识别一个从高电平到低电平的跳变,T0 和 T1 引脚输入的可计数外部脉冲的最高频率为 $f_{OSC}/24$。为确保 T0 和 T1 的外部脉冲信号被采用,要求外部计数脉冲信号的高电平和低电平保持时间至少为一个完整的机器周期。当系统晶振为 12MHz 时,最高计数频率为 500kHz。

9.2　控制寄存器

定时/计数控制寄存器（TCON）和定时/计数方式寄存器（TMOD），用来设定 T0 或 T1 的工作方式和控制功能，可字节寻址和位寻址。系统复位时，2 个寄存器被清 0。

1. TMOD

TMOD 为 8 位特殊功能寄存器，字节地址 89H，可位寻址，位功能定义见表 9-1。

表 9-1　TMOD 定义

T/C1				T/C0			
D7	D6	D5	D4	D3	D2	D1	D0
GATE	C/T	M1	M0	GATE	C/T	M1	M0

C/T：计数方式和定时方式选择位。

① C/T＝0，定时工作方式，定时器对机器周期计数。

② C/T＝1，计数工作方式，计数输入信号来自 T0(P3.4) 或 T1(P3.5) 端外部脉冲。

GATE：门控信号。

① GATE＝0 时，定时/计数由 TR0/TR1 置 1 启动。

② GATE＝1 时，定时/计数要求 $\overline{INT0}/\overline{INT1}$ 与 TR0/TR1 同时为高。

M1、M0：工作方式选择位，见表 9-2。

表 9-2　工作方式选择

M1 M0	工作方式	功　能
0 0	方式 0	13 位定时/计数方式，TL 存低 5 位，TH 存高 8 位
0 1	方式 1	16 位定时/计数方式
1 0	方式 2	8 位循环定时/计数方式
1 1	方式 3	仅用于 T/C0，2 个 8 位定时/计数方式

2. TCON

字节地址 88H，可位寻址，定义见表 9-3。

表 9-3　TCON 定义

TCON	8FH	8EH	8DH	8CH	8BH	8AH	89H	88H
(88H)	TF1	TR1	TF0	TR0	IE1	IT1	IE0	IT0

TF1：T1 溢出标志位。当 T1 溢出时由硬件自动使中断触发器 TF1 置 1，并向 CPU 申请中断。当 CPU 响应进入中断服务程序后，TF1 又被硬件自动清 0。

TF0：T0 溢出标志位。其功能和操作情况如 TF1。

TR1：T1 运行控制位。可由软件置 1 或清 0 来启动或关闭 T1。指令 SETB TR1 使

TR1 位置 1,启动定时器 T1 开始计数。

TR0：T0 运行控制位。其功能及操作情况同 TR1。

系统复位时,TCON 的所有位被清 0。

3．定时/计数初值寄存器(TH/TL)

设置定时/计数初值。

TH0、TL0 构成 T/C0 的 16 位定时/计数初值寄存器,TH1、TL1 构成 T/C1 的 16 位定时/计数初值寄存器,可分为高 8 位和低 8 位独立访问。

9.3 工作方式

1．工作方式 0

TMOD 的 M1M0＝00,设定 T/C 工作于方式 0,为 13 位定时/计数器,由 TH 中的高 8 位和 TL 中的低 5 位(高 3 位未用)构成,逻辑结构见图 9-1。

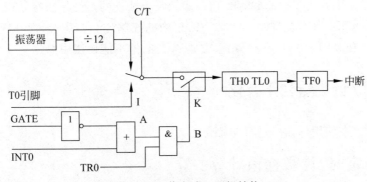

图 9-1 工作方式 0 逻辑结构

当工作方式为定时方式时,控制信号 C/T＝0,多路开关连接振荡器十二分频输出端,对机器周期脉冲进行加一计数,定时时间 T 为

$$T = (2^{13} - N) \times T_{MC} = \frac{12 \times (2^{13} - N)}{f_{OSC}}$$

式中,N 为定时/计数初值,T_{MC} 为机器周期。

当工作方式为计数方式时,控制信号 C/T＝1,控制开关使外部引脚 T0/T1 与计数器相连。当外部输入信号电平发生从 1 到 0 的跳变时,计数器加 1,T/C 成为外部输入脉冲信号计数器。

T/C0 和 T/C1 为加一计数器,计数值 X 和计数初值 N 满足如下关系:

$$X = 2^{13} - N$$

当计数初值 $N＝0$ 时,有最大的计数值 $X＝2^{13}$。

2．工作方式 1

16 位定时/计数方式,TH 和 TL 构成 16 位定时/计数寄存器。

用于定时工作方式时,定时时间为

$$T = \frac{12 \times (2^{16} - N)}{f_{\mathrm{osc}}}$$

用于计数工作方式时,计数值 X 和计数初值 N 满足

$$X = 2^{16} - N$$

当计数初值 $N = 0$ 时,有最大的计数值 $X = 2^{16}$。

3. 工作方式2

自动重装载的 8 位定时/计数器。

16 位的计数器被拆分成两个 8 位,TL 用作 8 位计数器,TH 用作定时/计数初值保持寄存器。TL 计数溢出时,使溢出中断标志位 TF 置 1,并自动将 TH 中的内容装载到 TL 中,重新开始计数。

4. 工作方式3

只在将 T/C1 用作串行端口的波特率发生器时,T/C0 才工作在方式 3。

当 T/C0 工作于方式 3 时,TH0 和 TL0 成为两个独立的 8 位计数器。TL0 可用作为定时器和计数器,占用 T/C0 在 TCON 和 TMOD 中的控制位和标志位,而 TH0 只能用作定时器,占用 TR1 和 TF1。T/C1 仍可用于方式 0、1、2,但不能使用中断。

9.4 定时/计数器初始化

定时/计数器在使用前需要进行初始化。

9.4.1 定时/计数初值计算

1. 定时初值

在定时方式下,T/C 对机器周期脉冲计数,若 $f_{\mathrm{osc}} = 6\mathrm{MHz}$,则机器周期为 $12/f_{\mathrm{osc}} = 2\mu s$。定时初值为 N 时,计算定时初值寄存器最大定时如下。

方式 0:定时时间为

$$T = \frac{12 \times (2^{13} - N)}{f_{\mathrm{osc}}}$$

13 位定时初值寄存器最大定时 $= 2^{13} \times 2\mu s = 16.384\mathrm{ms}$。

方式 1:定时时间为

$$T = \frac{12 \times (2^{16} - N)}{f_{\mathrm{osc}}}$$

16 位最大定时 $= 2^{16} \times 2\mu s = 131.072\mathrm{ms}$。

方式 2:定时时间为

$$T = \frac{12 \times (2^{8} - N)}{f_{\mathrm{osc}}}$$

8 位最大定时 $=2^8\times2\mu s$。

2. 计数初值

在计数方式下,当计数初值为 N 时,计数值 X 和计数初值 N 满足以下条件。

方式 0:

$$X=2^{13}-N$$

13 位最大计数 $=2^{13}$。

方式 1:

$$X=2^{16}-N$$

16 位最大计数 $=2^{16}$。

方式 2:

$$X=2^8-N$$

8 位最大计数 $=2^8$。

9.4.2　初始化步骤

通过对 TCON 和 TMOD 的编程,实现对定时/计数器 T/C0 和 T/C1 的初始化。初始化步骤如下:

(1) 编程 TMOD,确定工作方式;

(2) 装载定时/计数初值到 TH 和 TL;

(3) 编程 IE 寄存器,管理定时/计数器中断方式;

(4) 编程 TCON,启动定时/计数。

9.5　循环定时与级联

可利用定时/计数器产生循环周期信号,采用两通道级联方式扩展定时周期。

9.5.1　用 T/C 中断产生周期信号

1. 工作方式 0

$f_{OSC}=6MHz$,用 T/C0 方式 0 产生周期为 $600\mu s$ 的方波信号,从 P2.7 引脚输出,驱动 LED 闪烁。

1)原理图

工作方式 0 的接口电路如图 9-2 所示。

计算计数初值:

$$(2^{13}-X)\times2\mu s=300\mu s$$

$X=8042=0x1F6A$,定时 $300\mu s$,在中断处理程序中使 P2.7 翻转,产生 $300\mu s$ 电平和 $300\mu s$ 低电平,形成 $600\mu s$ 周期连续方波信号。

方式 0 为一次定时/计数方式,重新加载定时/计数初值后,重新开始。

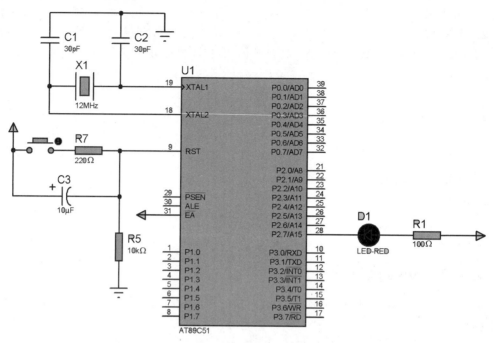

图 9-2 工作方式 0 接口电路

2）参考程序

```
# include < reg51. h >
sbit LED = P2^7;
void vTIMER0() interrupt 1 using 2
{
  LED = ! LED;
  TH0 = (8192 - 300)/256;        //重新加载定时/计数初值,连续定时/计数
  TL0 = (8192 - 300) % 256;
}
 void main()
{
  TMOD = 0x00;                   //TC0 工作方式 0
  TH0 = (8192 - 300)/256;        //设置定时/计数初值
  TL0 = (8192 - 300) % 256;
  EA = 1; ET0 = 1;               //开中断
  TR0 = 1;                       //驱动
  while(1);
}
```

2. 工作方式 1

$f_{OSC} = 6MHz$，用 T/C1 方式 1 产生周期为 $1000\mu s$ 的方波信号，从 P2.0 引脚输出，驱动扬声器发声。

方式 1 为一次定时/计数方式,重新加载定时/计数初值后,重新开始。

1) 原理图

工作方式 1 的接口电路如图 9-3 所示。

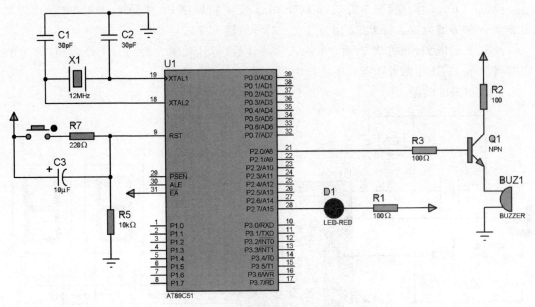

图 9-3 工作方式 1 接口电路

2) 参考程序

```
#include <reg51.h>
sbit BEEP = P2^0;
void vTIMER1() interrupt 3 using 2
{
  BEEP = !BEEP;
  TH1 = (65536 - 500)/256;
  TL1 = (65536 - 500)%256;             //重新加载定时/计数初值,连续定时/计数
}
void main()
{
  TMOD = 0x10;                         //TC1 工作方式 1
  TH1 = (65536 - 500)/256;             //设置定时/计数初值
  TL1 = (65536 - 500)%256;
  EA = 1;ET1 = 1;                      //开中断
  TR1 = 1;                             //启动
  while(1);
}
```

9.5.2 级联

利用 T/C 控制,实现 LED 长周期性闪烁。

1. 数字秒表

1s 延时超过了 T/C 方式 0、方式 1 和方式 2 的最大时间，需要采用级联方式实现，接口电路见图 9-4。

设定 T/C0 工作在定时 1 方式，定时 100ms，定时到后使 P3.7 翻转，即 P3.7 输出周期为 200ms 的方波脉冲。将 P3.7 作为 T/C1 的计数输入 T1。

设定 T/C1 为计数方式 2，对 T1 输入脉冲计数，当计数满 5 次，T/C1 计数到，即为 1s 定时到。在 T/C1 中断处理程序中进行中断计数，送 LED 显示。

采用 6MHz 晶振。

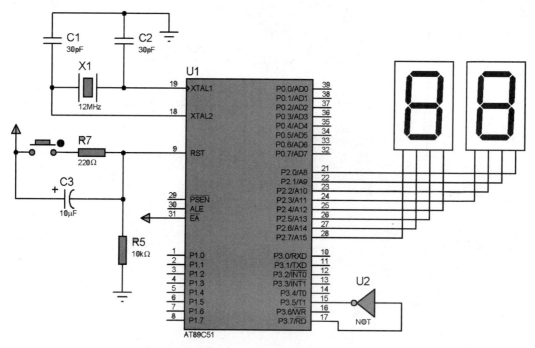

图 9-4　级联方式接口电路

2. 参考程序

```
#include <reg51.h>
unsigned char ucTimer;
sbit LED = P3^7;
void vTIMER1() interrupt 3 using 2
{
  unsigned char ucH, ucL;
  ucTimer = (ucTimer + 1) % 60;
  ucH = ucTimer/10;
  ucL = ucTimer % 10;
  ucH = ucL + (ucH << 4);
  P2 = ucH;
```

```
}
void vTIMER0() interrupt 1 using 3
{
   LED = !LED;
   TH0 = (65536 - 5000)/256;              //设置定时/计数初值
   TL0 = (65536 - 5000) % 256;
}
void main()
{
   TMOD = 0x61;                           //TC0 工作方式 1 定时,T/C1 工作方式 2 计数
   TH0 = (65536 - 5000)/256;              //设置定时/计数初值
   TL0 = (65536 - 5000) % 256;
   TH1 = 256 - 5;
   TL1 = 256 - 5;
   EA = 1;ET0 = 1;ET1 = 1;                //开中断
   TR1 = 1;TR0 = 1;                       //驱动
   while(1);
}
```

9.6 多路分频器

用一个定时/计数器设计八路分频器,可应用于有多路不同定时周期要求的动态刷新、周期采样和周期控制系统。

用片内定时/计数器 1 产生基准频率信号,在中断处理程序中采用程序分频方式产生八路不同周期的信号,用 LED 组模拟显示,用示波器观察输出波形。

1. 参考电路

分频器的参考电路如图 9-5 所示,其仿真结果如图 9-6 所示。

2. 参考程序

```
# include < reg51. h >
unsigned int ucTimer;
unsigned int SucTimer;

sbit LED0 = P0^0;                          //LED 输出,闪烁
sbit LED1 = P0^1;
sbit LED2 = P0^2;
sbit LED3 = P0^3;
sbit LED4 = P0^4;
sbit LED5 = P0^5;
sbit LED6 = P0^6;
sbit LED7 = P0^7;

sbit SLED0 = P2^0;                         //示波器显示
```

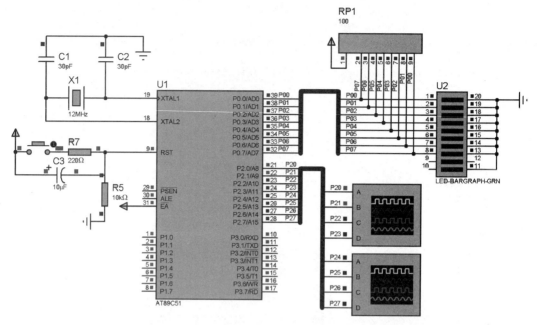

图 9-5　分频器参考电路

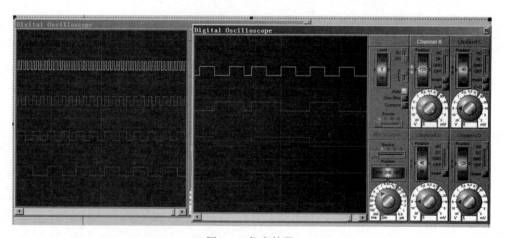

图 9-6　仿真结果

```c
sbit SLED1 = P2^1;
sbit SLED2 = P2^2;
sbit SLED3 = P2^3;
sbit SLED4 = P2^4;
sbit SLED5 = P2^5;
sbit SLED6 = P2^6;
sbit SLED7 = P2^7;
```

```
void vTIMER1() interrupt 3 using 2
{
  ucTimer = (ucTimer + 1) % 8;
  SLED0 = ~SLED0;                          //基准频率
  if(ucTimer % 2 == 0)
    {LED1 = ~LED1;SLED1 = ~SLED1;}         //2 分频

  if(ucTimer % 4 == 0)
    {LED2 = ~LED2;SLED2 = ~SLED2;}         //4 分频

  if(ucTimer % 8 == 0)
    {LED3 = ~LED3;SLED3 = ~SLED3;}         //8 分频

  if(ucTimer % 16 == 0)
    {LED4 = ~LED4;SLED4 = ~SLED4;}         //16 分频

  if(ucTimer % 32 == 0)
    {LED5 = ~LED5;SLED5 = ~SLED5;}         //32 分频

  if(ucTimer % 64 == 0)
    {LED6 = ~LED6;SLED6 = ~SLED6;}         //64 分频

  if(ucTimer % 128 == 0)
    {LED7 = ~LED7;SLED7 = ~SLED7;}         //128 分频
}

void main()
{
    TMOD = 0x20;
    TH1 = 256 - 100;
    TL1 = 256 - 100;
    EA = 1;ET1 = 1;                        //开中断
    TR1 = 1;                              //驱动
    while(1);
}
```

习题

1. 举例说明计算机系统中定时和计数的作用及意义。

2. 简述 MCS-51 定时/计数器 0 和定时/计数器 1 工作方式的特点,如何控制定时/计数器的工作方式?

3. 某 MCS-51 系统的晶振频率为 6MHz,则定时/计数器 0 工作于定时方式 1 时最大定时是多少? 若工作于定时方式 2,最大定时是多少?

4. 简述级联的作用和意义。

5. 用片内定时/计数器设计一个具有"时:分:秒"输出的数字时钟。

第 10 章

串 行 通 信

10.1 串行通信原理

1. 异步通信

在物理结构上,异步通信的双方只有数据线而没有时钟传输线。发送方和接收方都以自己的时钟源控制着发送速率和接收速率。

由于通信双方系统时钟不同,在异步通信中必须保证:

① 双方保持相同的传送与接收速率(波特率)。

② 双方遵守相同的数据格式(字符帧)。

异步通信以一个字符帧为单位进行数据传输,字符帧格式见图 10-1,包括:起始位(低电平 1 位)、数据位(8~9 位,低位 LSB 在前,高位 MSB 在后)、奇偶校验位(1 位或不用)、停止位(高电平,可 1 位、1.5 位或 2 位)。多字符传输时,字符间隔不固定。

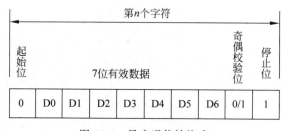

图 10-1　异步通信帧格式

异步通信的字符帧格式添加了起始位和停止位,占用了传输时间,降低了传输速率和传输效率。

2. 同步通信

物理结构上,通信双方在数据线外增加一个时钟线,由主控方提供双方通信的时钟信号,见图 10-2。

由于采用时钟信号同步发送和接收操作,同步通信中,被传送的数据不使用起始位和停止位,提高了传送速度。同步通信常用于系统内部芯片之间的信息传输。

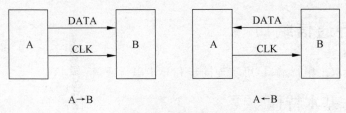

图 10-2 同步传输

同步通信以数据块为传送单位,数据块头以同步字符 SYN 标识,使发送和接收同步。数据块内各字符无起始位和停止位,提高了传输速率。发送与接收用同一个时钟来同步,对发送和接收硬件要求较高,通信双方须严格同步。

3. 数据传输模式

数据传送模式包括单工、半双工和全双工模式,如图 10-3 所示。

单工通信(Simplex Communication,SC):使用一条数据线,数据只单向传送,A 方只能发送,而 B 方只能接收。

半双工通信(Half-duplex Communication,HC):使用一条数据线,数据分时双向传送,在某一时刻 A 方只能发送,B 方只能接收;而在另一时刻 B 方只能发送,A 方只能接收,即对讲机模式。

全双工通信(Full-duplex Communication,FC):使用两条数据线,A、B 双方可以同时发送和接收数据,称为手机模式。

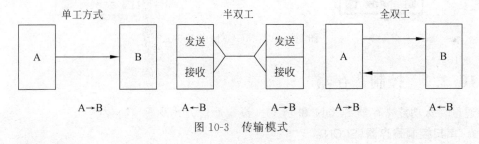

图 10-3 传输模式

4. 波特率

每秒传输的二进制位数称为波特率,用以描述通信传输速率,单位为位/秒(b/s)。影响波特率的主要因素包括传输线分布电容、通信电平标准和传送距离。

5. 串行通信电平标准

为了增加串行通信距离,可以采用 RS-232、RS-485 通信标准。

TTL 电平(0~5V):传输距离小于 15m。

RS-232 标准(+15V~-15V):传输距离小于 150m。

RS-485/422 标准(差分电平):传输距离小于 2000m。

10.2 串行通信端口

系统具有全双工串行端口,可实现同步和异步串行通信。

10.2.1 基本特性

片内串行通信口配置了发送引脚 TXD(P3.1)和接收引脚 RXD(P3.0),具有全双工通信功能,可同时进行发送和接收。发送/接收时,数据低位在前。一帧字符发送/接收结束,标志位(TI/RI)置位,可以申请串行中断,中断类型号设定为 4,中断允许位 ES。

串行通信中断处理程序入口地址固定在片内程序存储区的 0023H 单元。

可采用零 MODEM 方式连接见图 10-4,只连接 RXD、TXD 和 GND,发送方与接收方 RXD 和 TXD 交叉连接,实现单片机之间的相互通信。

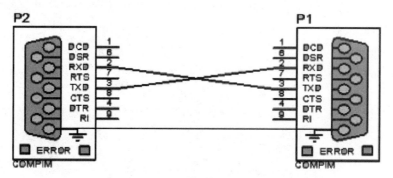

图 10-4 零 MODEM 连接方式

10.2.2 控制寄存器

通过特殊功能寄存器 SCON 和 PCON 设定通信方式及通信协议。

1. 串口控制寄存器(SCON)

SCON 占据片内数据存储器 RAM 一字节存储单元,单元地址 98H,可位寻址,位地址 98H~9FH,格式及定义见表 10-1。

表 10-1 SCON 定义

D7	D6	D5	D4	D3	D2	D1	D0
SM0	SM1	SM2	REN	TB8	RB8	TI	RI

SM0、SM1：串行口工作方式控制位,具有 4 种工作方式,见表 10-2。

表 10-2 工作方式

SM0 SM1	工作方式	说 明	波特率
0 0	方式 0	同步移位寄存器方式	$f_{OSC}/12$
0 1	方式 1	10 位异步通信方式	由定时器 T1 设定
1 0	方式 2	11 位异步通信方式	$f_{OSC}/32$ 或 $f_{OSC}/64$
1 1	方式 3	11 位异步通信方式	由定时器 T1 设定

SM2：多机通信控制位。在工作方式 0 和 1 中，SM2＝0。在工作方式 2 和 3 中，当 SM2＝1 时，接收到字符且接收到的第 9 位数据（RB8）是 1，则 RI 置位。当 SM2＝0 时，接收到字符，则 RI 置位。SM2 在多机通信中用于标识数据帧（SM2＝0）和地址帧（SM2＝1）。

REN：接收允许控制位，REN＝1，允许接收，REN＝0，禁止接收。

TB8：发送的第 9 位数据位，在多机通信中作为地址帧与数据帧的标识位

RB8：在工作方式 2 和 3 中，接收的第 9 位数据位。

TI：发送中断标志，发送一帧结束，TI＝1，硬件置位，需要软件复位。

RI：接收中断标志，接收一帧结束，RI＝1，硬件置位，需要软件复位。

2．电源控制寄存器（PCON）

单元地址 87H，PCON 的 D7 位 SMOD 与波特率设置有关，见表 10-3。

表 10-3 PCON 定义

D7	D6	D5	D4	D3	D2	D1	D0
SMOD							

在工作方式 0 下，串行通信波特率 $=\dfrac{f_{OSC}}{12}$。

在工作方式 2 下，串行通信波特率 $=2^{SMOD}\times\dfrac{f_{OSC}}{64}$。

在工作方式 1 和 3 下，片内定时/计数器 T/C1 工作于模式 2（8 位，自动重载），产生串行通信需要的波特率信号。通过设定 T/C1 定时/计数初值，设定串行通信传输波特率。

$$\text{波特率 } BR=\frac{2^{SMOD}}{32}\times\frac{f_{OSC}}{12(256-TH1)}, TH1=256-\frac{2^{SMOD}\times f_{OSC}}{384\times BR}。$$

3．数据缓冲器（SBUF）

在 MCS-51 串行接口中，SBUF 是用来标识发送数据缓冲器和接收数据缓冲器的特殊功能寄存器，有相同的字节地址 99H，但发送 SBUF 与接收 SBUF 是两个独立的数据缓冲器，用读写操作信号分别访问，见图 10-5。

CPU 将数据送到发送 SBUF 后，串行通信接口将数据按通信帧格式逐位发送，发送完成后标志位 TI＝1。

当外部串行数据经 RXD 送入 SBUF 时，串行通信接口启动接收，直至完成一帧数据后标志位 RI＝1。

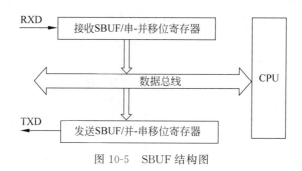

图 10-5　SBUF 结构图

10.3　工作方式

MCS-51 串行口有 4 种工作方式。

10.3.1　方式 0

1. 同步移位寄存器方式

串行数据通过 RXD(P3.0)输入/输出,TXD(P3.1)用于移位时钟,收发数据为 8 位,低位在前。波特率固定为外接晶振频率的 12 分频,即 $f_{OSC}/12$。

发送以写串行输出缓冲器 SBUF 的指令开始,8 位输出结束使 TI 置位。

接收是在接收允许标志 REN＝1 和接收缓冲器 RI＝0 同时满足时开始,接收数据装入接收数据缓冲器 SBUF,接收结束 R1 被置位。

2. 扩展并行输出

利用 2 片 74LS164,在工作方式 0 下可扩展 16 位并行输出。利用串行模式 0 构成的 LED 数码管驱动电路如图 10-6 所示。P1.0 可控制输出复位信号,RXD(P3.0)和 TXD(P3.1)分别输出串行数据和移位脉冲。

3. 扩展并行输入

利用工作方式 0,可扩展并行输入。利用 2 片 74165,在串行模式 0 下构成的 16 位按键输入接口电路如图 10-7 所示。

CLK：连接 TXD,产生移位脉冲。

SO：连接 RXD,同步串行数据发送。

SL：连接 AT89C51 的 I/O,作为工作方式控制引脚,SL＝0,并行数据锁存,SL＝1,串行移位发送。

10.3.2　方式 1

方式 1 为 10 位异步传输工作方式,帧格式为 1 个起始位＋8 个数据位＋1 个停止位,见图 10-8。波特率可设置,由定时器 T1 的定时/计数初值确定。

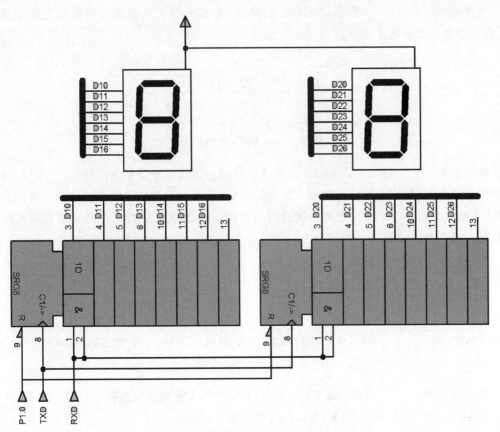

图 10-6　并行输出端口扩展电路

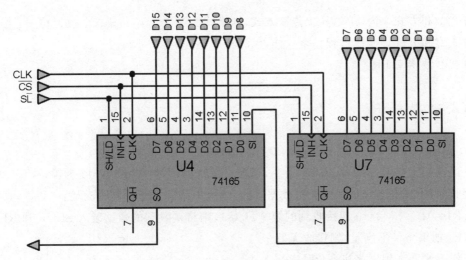

图 10-7　并行输入端口扩展电路

发送操作：在 TI＝0，数据送 SBUF 后从 TXD 端开始发送数据。当发送完 8 位数据后，自动添加一个高电平停止位，并将 TI 置位。

图 10-8　方式 1 帧格式

接收操作：在 REN＝1 且 RI＝0 的条件下进行。接收控制器对 RXD 线进行采样，其采样频率是接收时钟的 16 倍。当连续 8 次采集到 RXD 线上为低电平时，认定 RXD 线上有起始位，开始在每次第 7、8、9 三个脉冲时进行 RXD 采样，采取"三中取二"的原则来确定接收的数据，如图 10-9 所示。

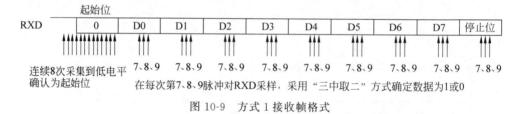

图 10-9　方式 1 接收帧格式

当接收到停止位时，必须满足：RI＝0 且 SM2＝0，才能把接收数据送到 SBUF 中，停止位送到 SCON 的 RB8 中，并使 RI＝1，否则数据丢失。

10.3.3　方式 2 和方式 3

方式 2 和方式 3 为 11 位异步传输方式，帧格式为 1 个起始位＋9 个数据位＋1 个停止位。方式 2 和方式 3 操作过程完全一样，仅波特率不同。

方式 2 波特率 BR：

$$BR = 2^{SMOD} \times f_{OSC}/64$$

方式 3 波特率 BR：

$$BR = \frac{2^{SMOD}}{32} \times \frac{f_{OSC}}{12(256 - TH1)}$$

发送起始于任何一条写 SBUF 指令，当第 9 位数据（TB8）输出后，TI 置位。

接收条件是 REN＝1，在第 9 位数据接收到后，如果下列条件同时满足：

①RI＝0；②SM2＝0 或接收到的第 9 位为 1，则将接收到的数据装入 SBUF 和 RB8，并置位 RI。如果条件不满足，则接收无效。

工作方式 2/3 用于多机通信。

10.4 串行通信初始化

1. 波特率计算

串行通信波特率由片内定时/计数器 T/C1 实现。根据串行通信工作方式确定波特率，设定 T/C1 工作方式和定时/计数初值。

4 种通信模式其波特率各不相同。其中模式 1、3 的波特率由定时器 T/C1 的定时/计数初值决定，PCON 中的 SMOD=1 使波特率加倍。

4 种工作方式下的波特率见表 10-4。

表 10-4 4 种工作方式波特率

SM0	SM1	模式	功　能	波特率
0	0	0	同步移位寄存器模式	$f_{OSC}/12$
0	1	1	10 位异步通信 UART 模式	由 T1 初值确定
1	0	2	11 位异步通信 UART 模式	$f_{OSC}/64$ 或 $f_{OSC}/32$
1	1	3	11 位异步通信 UART 模式	由 T1 初值确定

方式 1/3 时，波特率通过对 T/C1 设置定时/计数初值确定，定时/计数初值 X 和波特率 BR 满足如下关系：

$$BR = \frac{2^{SMOD}}{32} \times \frac{f_{OSC}}{12(256-X)}, \quad X = 256 - \frac{2^{SMOD} f_{OSC}}{32 \times 12BR}$$

方式 2 波特率：

$$BR = 2^{SMOD} \times \frac{f_{OSC}}{64}$$

方式 0 波特率：

$$BR = \frac{f_{OSC}}{12}$$

2. 初始化步骤

串行通信初始化通过定时/计数器 T/C1(产生波特率)、SCON、PCON 和中断控制寄存器完成。步骤如下：

(1) 确定定时/计数器 T/C1 工作方式，编程 TMOD 寄存器。

(2) 计算 T/C1 定时/计数初值，装载 TH1、TL1。

(3) 确定串口工作方式，编程 SCON。

串口工作在中断方式时，需要开 CPU 和源中断，编程中断允许寄存器 IE。串行通信的方式特点见表 10-5。

表 10-5　串行通信方式特点

工作特性		方式 0	方式 1	方式 2、3
SM0,SM1		00	01	10、11
发送	TB8	未使用	未使用	发送的第 9 位信息
	一帧位数	8	10	11
	RXD	输出串行数据	接收数据	接收数据
	TXD	输出同步脉冲	输出数据	输出数据
	中断	一帧发送完，置 TI＝1，响应中断后软件清 0		
接收	RB8	未使用	SM2＝0，停止位	接收的第 9 位数据
	REN	接收时 REN＝1		
	SM2	0	0	0 数据帧，1 地址帧
	1 帧位数	8	10	11
	数据位数	8	8	9
	接收条件	RI＝0	(1)RI＝0 且 SM2＝0；(2)RI＝0 且 RB8＝1，SM2＝1	
	中断	接收完毕，置 RI＝1，响应中断后软件清 0		
	RXD	输入串行数据		
	TXD	输出同步脉冲	输出数据	输出数据

10.5　双机通信

1. 接口电路

双机通信接口电路如图 10-10 所示。

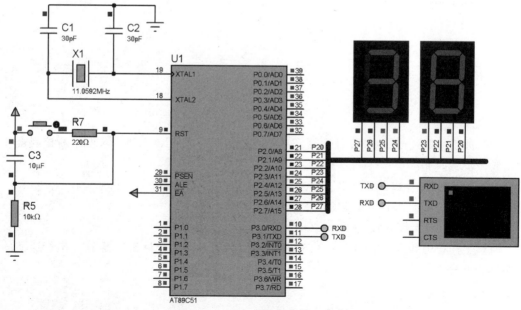

图 10-10　双机通信仿真接口电路

以 AT89C51 为甲机,用虚拟终端 Virtual Terminal 作为通信设备乙机。甲机循环发送字符串,虚拟终端接收并显示。仿真时,用鼠标单击虚拟终端显示窗,然后用键盘输入,则输入字符被发送到甲机,甲机以中断方式接收并显示其 ASCII 码在 LED 上。

在虚拟终端的 TEXT 窗口输入 TEXT="12345678",则虚拟终端向甲机发送字符串"12345678",因为甲机只设置 1 位显示并且显示速度快,因此只能在 LED 上看到最后一位字符 8 的 ASCII 码 38H。

2. 参考程序

```c
# include < reg51.h>
void vDelay(unsigned int uiT)
{
  while(uiT -- );
}
void vRs232Send(unsigned char * ucD)
{
    unsigned char i = 0;
    while(ucD[i]!= 0x00)
     {
        SBUF = ucD[i];                    //循环发送
        while(TI == 0);
        TI = 0;
        i++;
     }
    vDelay(1000);
}
void UART_SER (void) interrupt 4
{
    unsigned char ucD;
    if(RI == 1)
     {
        ucD = SBUF;
        P2 = ucD;
        RI = 0;
     }
//if(TI) TI = 0;
}

unsigned char ucD[] = {'3','6','2','1','0',0x0d,0x0a,0x00};
void main()
{
    unsigned char i = 0;
    TMOD = 0x20;                    //11.0952MHz,波特率 9600b/s,方式 1
    TL1 = 0xfd;TH1 = 0xfd;
    SCON = 0xd8;PCON = 0x00;
    TR1 = 1;
    EA = 1;ES = 1;
    while(1)
    {
    vRs232Send(ucD);
    }
}
```

10.6　串行通信接口扩展

利用多路模拟开关,可实现串行通信接口扩展。

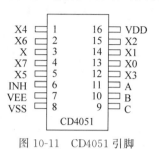

图 10-11　CD4051 引脚

10.6.1　多路切换开关 CD4051/CD4052

CD4051 和 CD4052 为常用多路切换开关。

1. CD4051

CD4051 为 8 选 1 多路开关,允许双向传输,可实现 8 到 1 切换输入和 1 到 8 切换输出,引脚及功能分别见图 10-11 和表 10-6。

表 10-6　CD4051 引脚功能

引脚号	引脚名	功　能
13,14,15,12,1,5,2,4	X0,X1,X2,X3,X4,X5,X6,X7	输入/输出端
11,10,9	A,B,C	通道选择线
3	X	公共输出/输入
6	INH	禁止端
7	VEE	模拟信号地
8	VSS	数字信号地
16	VDD	电源＋

CD4051 各引脚的说明如下。

X0～X7:输入/输出端。

C、B、A:输入/输出通道选择,选择 8 路 I/O 通道与公共输出/输入端 X 连接。

X:公共输出/输入端。

INH:禁止端。

VEE:负电源端。

VSS:数字信号地。

VDD:电源＋。

当 INH=1,各通道截止;当 INH=0,CBA 选中通道接通公共输入/输出端。

2. CD4052

CD4052 为双 4 选 1 多路开关,允许双向传输,可实现 4 到 1 切换输入和 1 到 4 切换输出,引脚及功能分别见图 10-12 和表 10-7。

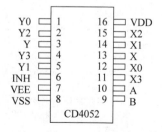

图 10-12　CD4052 引脚

表 10-7　CD4052 引脚功能

引脚号	引脚名	功　能
12,14,15,11	X0,X1,X2,X3	X 通道 I/O
1,5,2,4	Y0,Y1,Y2,Y3	X 通道 I/O
9、10	A,B	通道选择线
13	X	X 通道公共 I/O
3	Y	Y 通道公共 I/O
6	INH	禁止端
7	VEE	模拟信号地
8	VSS	数字信号地
16	VDD	电源＋

10.6.2　4 路串行通信接口扩展

1. 接口电路

4 路 TTL 电平串行通信接口电路由 1 片 4 位锁存器 74LS175 和 1 片 CD4052 组成,如图 10-13 所示。74LS175 提供通道 CD4052 需要的通道选择信号 A、B 和控制信号 INH。

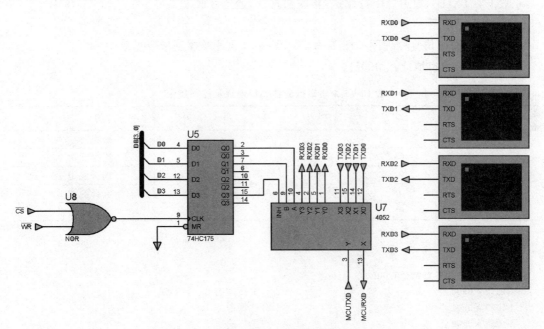

图 10-13　4 路 TTL 电平串行通信接口电路

4 路扩展通道编址及控制命令定义见表 10-8。

表 10-8 4 路扩展通道编址及控制命令定义

$\overline{\text{CS}}$	D3	D2	D1	D0	功　　能
0	1	×	×	×	禁止
0	0	0	0	0	选择通道 0
0	0	0	0	1	选择通道 1
0	0	0	1	0	选择通道 2
0	0	0	1	1	选择通道 3

接口信号功能说明如下。

I/O[7..0]：数据线，输入/输出，连接系统数据总线 D[7..0]。

$\overline{\text{CS}}$：本接口使能信号，低有效。

MCUTXD、MCURXD：公共串行发送/接收数据线，连接主系统 MCU 的 TXD 和 RXD。

RXD0/TXD0：通道 0 串行发送/接收数据线，通道 0 收发信号。

RXD1/TXD1：通道 1 串行发送/接收数据线，通道 1 收发信号。

RXD2/TXD2：通道 2 串行发送/接收数据线，通道 2 收发信号。

RXD3/TXD3：通道 3 串行发送/接收数据线，通道 3 收发信号。

2．仿真原理图

4 路串行通信仿真原理图如图 10-14 所示，端口地址及控制指令见表 10-9。

$\overline{\text{CS}}$＝A15，端口地址：0000H。

表 10-9 4 路串行通信端口地址及控制指令

$\overline{\text{CS}}$＝A15	D3	D2	D1	D0	功　　能
	1	×	×	×	禁止
	0	0	0	0	选择通道 0
0	0	0	0	1	选择通道 1
	0	0	1	0	选择通道 2
	0	0	1	1	选择通道 3

端口及控制字定义：

```
#define P4052 XBYTE[0x0000]
P4052 = 0x00;                          //选择通道 0
P4052 = 0x01;                          //选择通道 1
P4052 = 0x02;                          //选择通道 2
P4052 = 0x03;                          //选择通道 3
P4052 = 0x08;                          //禁止
```

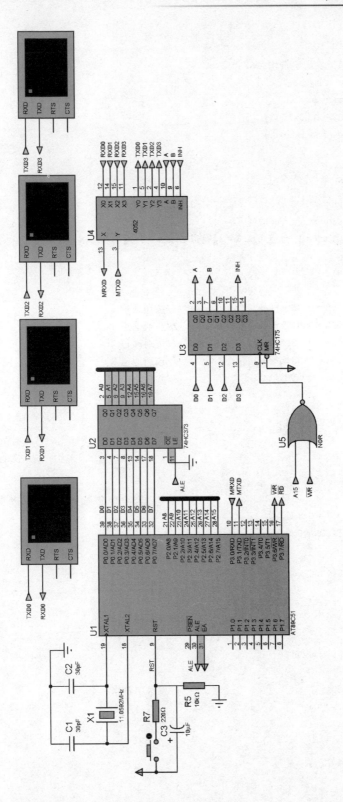

图 10-14 4 路串行通信仿真原理图

3. 参考程序

```c
//循环向 4 个通道发送字符串"36210!"
# include < reg51.h >
# include < absacc.h >
# define P4052 XBYTE[0x0000]
void vDelay(unsigned int uiT)
{
    while(uiT -- );
}
unsigned char ucD[ ] = {'3','6','2','1','0',0x0d,0x0a,0x00};
void vP4052(unsigned char ucN)
//ucN = 0,通道 0;ucN = 1,通道 1;ucN = 2,通道 2;ucN = 3,通道 3;ucN = 4,禁止
{
    switch (ucN)
    {
     case 0:P4052 = 0x00;break;          //选通通道 0
     case 1:P4052 = 0x01;break;          //选通通道 1
     case 2:P4052 = 0x02;break;          //选通通道 2
     case 3:P4052 = 0x03;break;          //选通通道 3
     default:P4052 = 0x08;break;         //禁止
    }
    return;
}
void main()
{
    unsigned char i,j;
    TMOD = 0x20;                         //11.0952MHz,波特率 9600b/s,方式 1
    TL1 = 0xfd;TH1 = 0xfd;
    SCON = 0xd8;PCON = 0x00;
    TR1 = 1;
    while(1)
    {
     j = (j + 1) % 4;
     vP4052(j);                          //选择通道
     i = 0;
     while(ucD[i]!= 0x00)
     {
       SBUF = ucD[i];                     //发送字符串
       while(TI == 0);
       TI = 0;
       i++;
```

```
    }
    vDelay(1000);
    }
}
```

10.6.3　8路串行通信接口扩展

1. 接口电路

8路 TTL 电平串行通信接口电路由 1 片 4 位锁存器 74LS175 和 2 片 CD4051 组成，如图 10-15 所示。74LS175 提供通道 CD4051 需要的通道选择信号 A、B、C 和控制信号 INH。

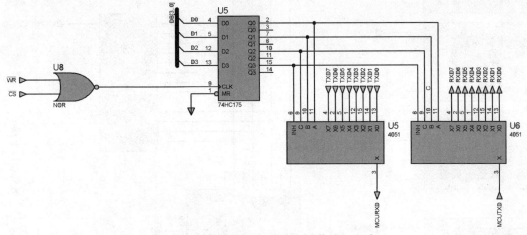

图 10-15　8路 TTL 电平串行通信接口电路

8路通道编址及控制命令定义见表 10-10。

表 10-10　8路通道编址及控制命令定义

$\overline{CS}$	D3	D2	D1	D0	功　能
片选	INH	通道选择			
0	1	×	×	×	禁止
0	0	0	0	0	选择通道 0
0	0	0	0	1	选择通道 1
0	0	0	1	0	选择通道 2
0	0	0	1	1	选择通道 3
0	0	1	0	0	选择通道 4
0	0	1	0	1	选择通道 5
0	0	1	1	0	选择通道 6
0	0	1	1	1	选择通道 7

2. 仿真原理图

仿真接口电路见图 10-16。

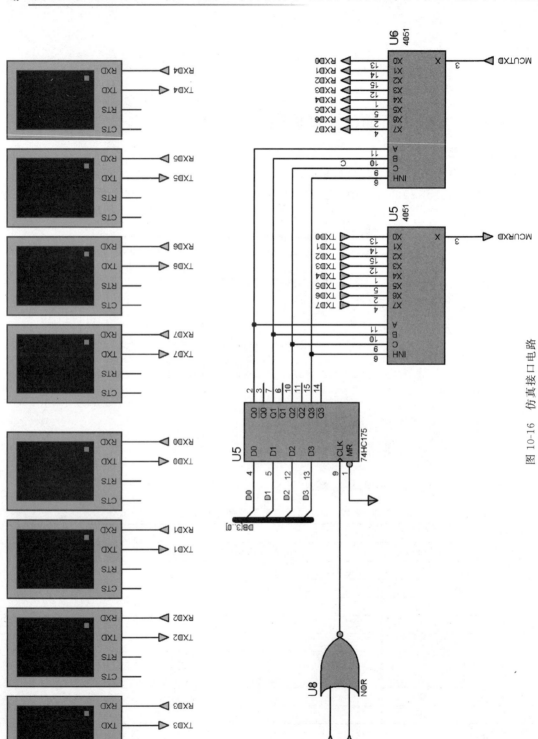

图 10-16　仿真接口电路

接口片选信号 $\overline{\text{CS}}$ 连接系统片选信号 A15,端口地址分配及控制指令见表 10-11。

表 10-11 端口地址分配及控制指令

$\overline{\text{CS}}$ = A15	D3	D2	D1	D0	功 能
0	1	×	×	×	禁止
	0	0	0	0	选择通道 0
	0	0	0	1	选择通道 1
	0	0	1	0	选择通道 2
	0	0	1	1	选择通道 3
	0	1	0	0	选择通道 4
	0	1	0	1	选择通道 5
	0	1	1	0	选择通道 6
	0	1	1	1	选择通道 7

端口及控制命令如下。

```
#define PCOM4051 XBYTE[0x0000]
PCOM4051 = 0x00;                    //选择通道 0
PCOM4051 = 0x01;                    //选择通道 1
PCOM4051 = 0x02;                    //选择通道 2
PCOM4051 = 0x03;                    //选择通道 3
PCOM4051 = 0x04;                    //选择通道 4
PCOM4051 = 0x05;                    //选择通道 5
PCOM4051 = 0x06;                    //选择通道 6
PCOM4051 = 0x07;                    //选择通道 7
PCOM4051 = 0x08;                    //禁止
```

3. 参考程序

```
//循环选择通道 0~通道 6,发送字符串"36210!"
#include <reg51.h>
#include <absacc.h>
#define PCOM4051 XBYTE[0x0000]
void vDelay(unsigned int uiT)
{
  while(uiT--);
}
unsigned char ucD[] = {'3','6','2','1','0',0x0d,0x0a,0x00};
void vP4051(unsigned char ucN)
//ucN = 0,通道 0;ucN = 1,通道 1;ucN = 2,通道 2;ucN = 3,通道 3;ucN = 8,禁止
{
    switch (ucN)
    {
    case 0:PCOM4051 = 0x00;break;      //选择通道 0
    case 1:PCOM4051 = 0x01;break;      //选择通道 1
    case 2:PCOM4051 = 0x02;break;      //选择通道 2
```

```
            case 3:PCOM4051 = 0x03;break;           //选择通道3
            case 4:PCOM4051 = 0x04;break;           //选择通道4
            case 5:PCOM4051 = 0x05;break;           //选择通道5
            case 6:PCOM4051 = 0x06;break;           //选择通道6
            case 7:PCOM4051 = 0x07;break;           //选择通道7
            default:PCOM4051 = 0x08;break;          //禁止
        }
        return;
    }
    void main()
    {
        unsigned char i,j;
        TMOD = 0x20;                            //11.0952MHz,波特率9600b/s,方式1
        TL1 = 0xfd;TH1 = 0xfd;
        SCON = 0xd8;PCON = 0x00;
        TR1 = 1;
        while(1)
        {
        j = (j + 1) % 8;
        vP4051(j);                              //通道选择
        i = 0;
        while(ucD[i]!= 0x00)
        {
            SBUF = ucD[i];                      //发送
            while(TI == 0);
            TI = 0;
            i++;
        }
        vDelay(1000);
        }
    }
```

习题

1. 简述异步通信和同步通信的特点和应用场合。
2. 简述单工、半双工、双工通信的特点和应用场合。
3. 为什么 RS-485/422 标准有远大于 RS-232C 标准的通信距离？
4. 简述多机通信的原理和通信过程，其中地址帧和数据帧的意义和作用是什么？
5. 何谓累加和校验？比较累加和校验和奇偶校验的异同。
6. 利用 74LS164/165 和串行端口工作方式 0，设计并行输入/输出扩展接口。

第四部分 扩展资源程序设计

▶▶▶

系统片内资源有限,在片内资源的基础上,根据应用系统需求进行资源扩展,是单片机系统设计学习的基本技能,也是体现单片机系统设计能力的重要环节。

本部分包括:

第 11 章 外部总线扩展

外部总线是系统资源扩展的硬件基础。本章介绍总线扩展信号与时序、常用总线扩展器件,讲述地址译码电路设计原理、常用器件和接口设计方法。

第 12 章 外部程序存储器

介绍程序存储器的扩展特性和扩展接口设计,介绍常用 EPROM、EEPROM 和 Flash 存储器的封装引脚、接口设计及程序设计。

第 13 章 外部数据存储器

介绍数据存储器的扩展特性和扩展接口设计,介绍常用 SRAM 和 DRAM 的接口设计原理及程序设计方法。

第 14 章 键盘

键盘是单片机系统最主要的交互方式。介绍按键、独立键盘和矩阵键盘的设计原理,以及矩阵键盘的程序扫描方法。讲述按键解码芯片 74C922 的接口设计和程序设计方法。

第 15 章 显示

介绍常用 LED 显示器件的结构、原理、接口设计及程序设计方法。介绍常用 LCD 显示器件 LCD1602 和串口 LCD 显示器件引脚、指令集、接口设计及程序设计。

第 16 章 可编程并行接口芯片 8255A

8255A 为最常用的可编程并行 I/O 接口芯片。讲述 8255A 逻辑结构、工作方法以及利用 8255A 进行键盘、显示及打印机接口设计的原理与程序设计。

第 17 章 定时/计数器 8253/8254

介绍可编程定时/计数器 8253/8254 内部结构、工作方式及特殊功能寄存器的使用。介绍利用定时/计数器设计软件看门狗的原理、接口及程序设计方法。

第 18 章　数/模转换器（DAC）

介绍 DAC 的技术参数与连接特性。讲述 8 位分辨率 DAC0832 及 12 位分辨率 DAC AD7521 的接口和程序设计。介绍利用双缓冲工作模式实现模拟量同步输出的原理、接口及程序设计。

第 19 章　模/数转换器（ADC）

介绍 ADC 技术参数及连接特性。介绍 8 位分辨率 ADC0809 及 12 位分辨率 ADC AD574 基本特性、工作方式、接口和程序设计。

第 20 章　IIC 总线

介绍 IIC 总线规约及基本联络信号。介绍典型 IIC 总线器件 AT24C02EEPROM 的接口设计与程序设计。

第 11 章

外部总线扩展

在实际应用中,系统片内存储器与 I/O 资源不能满足实际需求,一般需要进行扩展。借助于集成电路工艺,存储器和 I/O 接口电路已被制作成常规芯片和可编程芯片,系统扩展就是实现系统与这些芯片的连接与编程。

系统借助外部地址总线(AB)、数据总线(DB)和控制总线(CB)实现程序存储器、数据存储器和其他外部设备扩展。

11.1 外部总线扩展时序

外部三总线是系统扩展的硬件基础,而总线时序是实现总线扩展的软件基础。

11.1.1 外部总线扩展信号与访问时序

1. 外部总线扩展信号

外部总线扩展涉及的信号包括:

地址总线(AB)(A0~A15):由 P2 口提供高 8 位地址线 A8~A15,P0 口以分时复用方式提供低 8 位地址线 A0~A7,ALE 为低 8 位地址锁存信号。

数据总线(DB)(D0~D7):P0 口以分时复用方式提供 8 位数据线 D0~D7。

控制总线(CB)($\overline{RD}$, $\overline{WR}$, $\overline{PSEN}$, ALE): $\overline{RD}$ 和 $\overline{WR}$ 为片外数据存储器及外部 I/O 端口读写信号,$\overline{PSEN}$ 为外部程序存储器读信号。

利用外加的地址锁存器和 ALE 提供的地址锁存信号,将 P0 口分时复用的数据总线信号和地址总线低 8 位信号分开,形成独立的 8 位数据总线和 16 位地址总线。

程序存储器、数据存储器和外部设备接口扩展依赖于上述三总线实现。

2. 外部总线访问时序

1) 外部程序存储器访问时序

外部程序存储器访问时序如图 11-1 所示。

PCH 和 PCL 分别为程序计数寄存器 PC 的高 8 位和低 8 位值,即当前要访问的指令在程序存储器 ROM 中的存放地址。

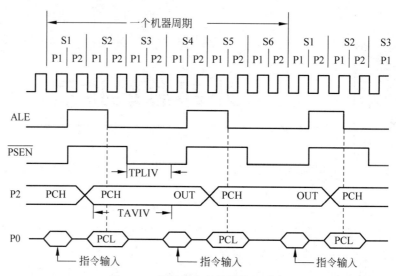

图 11-1　外部程序存储器访问时序

访问外部程序存储器的指令周期由 6 个时钟周期（S1、S2、S3、S4、S5、S6）组成。

外部程序存储器读过程：

① 在 S2P1 时，P2 口输出程序计数器 PC 中的高 8 位 PCH（地址线 A15～A8），并在整个读指令过程保持有效，不需要进行锁存。P0 口输出 PC 寄存器中的低 8 位 PCL（地址线 A7～A0）。P0 口送出 PCL 时，ALE 有效，将 P0 口输出的低 8 位地址 PCL 锁存至地址锁存器。在 S2P2 时，ALE 无效。

② 在 S3P1 时，读信号 $\overline{PSEN}$ 有效，程序存储器输出允许，程序存储器相应单元被选通。在 S4P1 时，指令出现在数据总线 DB（P0 口）。

③ 在 S4P2 时，$\overline{PSEN}$ 无效，读过程结束。

2）外部数据存储器和外设访问时序

外部数据存储器和 I/O 端口访问时序与外部程序存储器访问时序相同，只是将 $\overline{PSEN}$ 信号换为 $\overline{RD}$（读）和 $\overline{WR}$（写）信号，见图 11-2。

外部数据存储器和外设端口统一编址，共享 64KB 地址空间，具有完全相同的访问时序和控制信号，由取指周期和读/写周期组成。在取指周期，由 $\overline{PSEN}$ 作读控制信号，将数据存储器访问指令从程序存储器读出。在执行指令周期，若为读操作，则由 $\overline{RD}$ 作控制信号，将数据从数据存储器或外设端口读出；若为写操作，则由 $\overline{WR}$ 作控制信号，将数据写入数据存储器或外设端口。

11.1.2　外部总线扩展原理

外部地址总线（AB）的 16 位地址线 A15～A0 由 P2 口和 P0 口共同提供，P0 口兼作 8 位数据总线 D7～D0 使用，外部总线扩展原理见图 11-3。

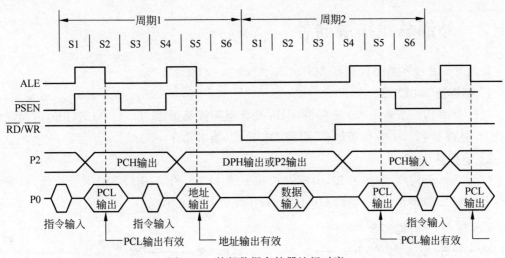

图 11-2　外部数据存储器访问时序

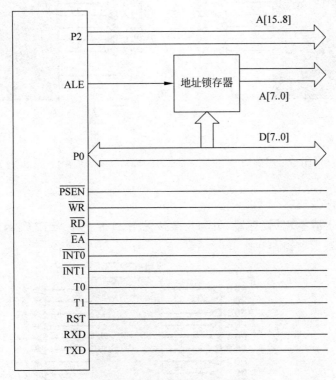

图 11-3　外部总线扩展原理图

输出控制线（$\overline{\text{RD}}$、$\overline{\text{WR}}$、$\overline{\text{PSEN}}$、ALE）及输入控制线（$\overline{\text{INT0}}$、$\overline{\text{INT1}}$）构成了外部控制总线 CB,D[7..0]构成外部数据总线 DB,A[15..0]构成外部地址总线 AB,以访问 64KB 程序存储器和 64KB 数据存储器（包含外部端口）。

11.2 外部总线扩展器件

常用外部总线扩展器件包括 74HC373、8282 和 74HC273 等。

1. 锁存器 74HC373

74HC373 为三态输出 8D 锁存器，引脚及典型连接见图 11-4。当 ALE(LE)由高变低时，输入引脚 P0[7..0]数据被锁存，引脚 $\overline{OE}$ 接地，输出允许。

2. 锁存器 8282

8282 为三态输出 8D 锁存器，引脚及连接见图 11-5。当 ALE(STB)由高变低时，输入引脚 P0[7..0]数据被锁存，引脚 $\overline{OE}$ 接地，输出允许。

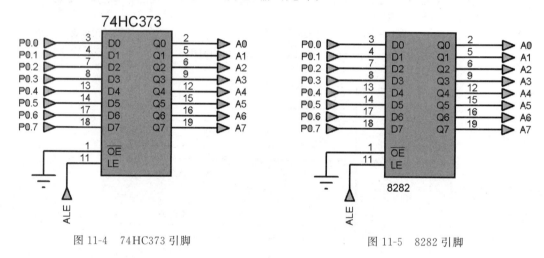

图 11-4　74HC373 引脚　　　　　　　　　　　　　图 11-5　8282 引脚

3. 锁存器 74HC273

74HC273 为带清零 8D 锁存器，引脚及连接见图 11-6。当 ALE(CLK)由高变低，则输入引脚 P0[7..0]数据被锁存并输出。

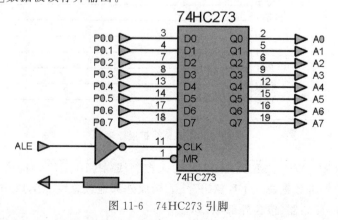

图 11-6　74HC273 引脚

11.3 外部总线扩展电路

用 1 片 74HC273 扩展外部总线电路见图 11-7。74HC273 锁存来自 P0 口的 8 位数据作为低 8 位地址,与 P2 口输出的高 8 位地址,形成独立的外部地址总线 A[15..0],与 P0 口输出的数据线 D[7..0],以及控制信号线($\overline{\text{RD}}$、$\overline{\text{WR}}$、$\overline{\text{PSEN}}$、ALE)及输入控制线($\overline{\text{INT0}}$、$\overline{\text{INT1}}$)构成系统外部三总线 AB、DB 和 CB。

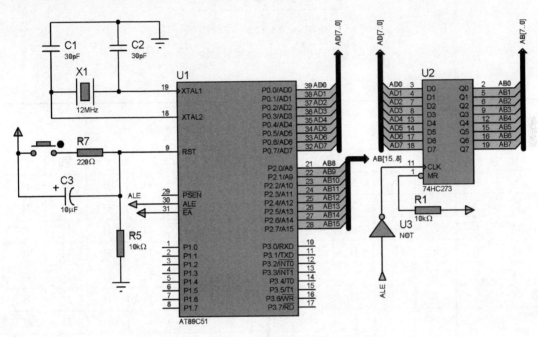

图 11-7　用 1 片 74HC273 扩展外部总线电路

11.4 地址译码

利用译码器 74HC138 或 74HC154,产生系统接口单元需要的多路片选信号 $\overline{\text{Yi}}$。

11.4.1 译码器 74HC138/74HC154

74HC138 和 74HC154 为常用地址译码器。

1. 74HC138 译码器

74HC138 为 3-8 译码器,引脚及功能分别见图 11-8 和表 11-1。

各引脚说明如下。

$S1$、$\overline{S2}$、$\overline{S3}$：使能端，$S1$ 高有效，$\overline{S2}$、$\overline{S3}$ 低有效。

$A2 \sim A0$：3 位二进制码输入端。

$\overline{Y0} \sim \overline{Y7}$：译码信号输出端，低有效。

图 11-8　74HC138 逻辑结构

表 11-1　74HC138 译码器功能表

输　入					输　出							
使能		二进制码										
S1	$\overline{S2}$	A2	A1	A0	Y0	Y1	Y2	Y3	Y4	Y5	Y6	Y7
X	H	X	X	X	H	H	H	H	H	H	H	H
L	X	X	X	X	H	H	H	H	H	H	H	H
H	L	L	L	L	L	H	H	H	H	H	H	H
H	L	L	L	H	H	L	H	H	H	H	H	H
H	L	L	H	L	H	H	L	H	H	H	H	H
H	L	L	H	H	H	H	H	L	H	H	H	H
H	L	H	L	L	H	H	H	H	L	H	H	H
H	L	H	L	H	H	H	H	H	H	L	H	H
H	L	H	H	L	H	H	H	H	H	H	L	H
H	L	H	H	H	H	H	H	H	H	H	H	L

当使能端有效时，对 3 位二进制码 $A2 \sim A0$ 进行译码，相应译码信号 $\overline{Yi}(=0)$ 有效，其他 $\overline{Yi}(=1)$ 无效。

2. 74HC154 译码器

74HC154 为 4-16 译码器，引脚见图 11-9，功能见表 11-2。

各引脚说明如下。

$\overline{G1}$、$\overline{G2}$：使能，低有效。

$D \sim A$：4 位二进制码输入。

$\overline{Y0} \sim \overline{Y15}$：译码信号输出。

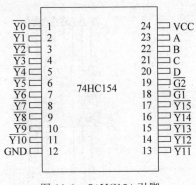

图 11-9 74HC154 引脚

表 11-2 74HC154 功能表

输 入						输出(低有效)
$\overline{G1}$	$\overline{G2}$	D	C	B	A	
H	X	X	X	X	X	X
X	H	X	X	X	X	X
L	L	L	L	L	L	0
L	L	L	L	L	H	1
L	L	L	L	H	L	2
L	L	L	L	H	H	3
L	L	L	H	L	L	4
L	L	L	H	L	H	5
L	L	L	H	H	L	6
L	L	L	H	H	H	7
L	L	H	L	L	L	8
L	L	H	L	L	H	9
L	L	H	L	H	L	10
L	L	H	L	H	H	11
L	L	H	H	L	L	12
L	L	H	H	L	H	13
L	L	H	H	H	L	14
L	L	H	H	H	H	15

11.4.2 地址译码电路

1. 方案 A

采用 1 片 74HC138,提供 8 路片选信号 $\overline{Y0} \sim \overline{Y7}$,满足小规模系统设计需要,接口连接
如图 11-10 所示。

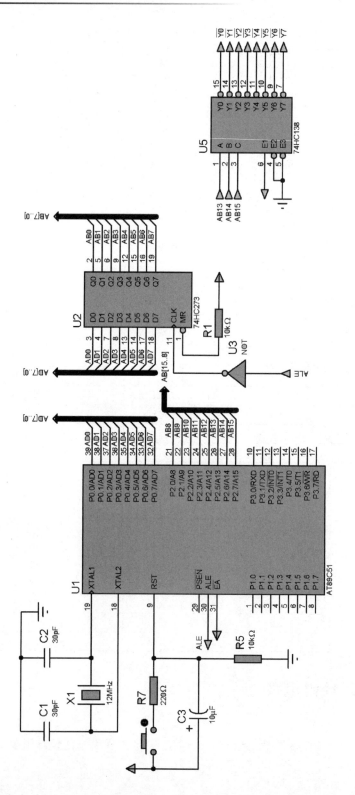

图 11-10 地址译码电路（74HC138）

E1/E2/E3＝100,74HC138 常态使能,系统地址总线 A15、A14、A13 连接译码器 CBA 输入端,片选信号地址分布见表 11-3。

表 11-3　地址分配表

A15	A14	A13	A12..A0	片选$\overline{Yi}$	地址范围
0	0	0	00..00	$\overline{Y0}$	0000H
			11..11		1FFFH
0	0	1	00..00	$\overline{Y1}$	2000H
			11..11		3FFFH
0	1	0	00..00	$\overline{Y2}$	4000H
			11..11		5FFFH
0	1	1	00..00	$\overline{Y3}$	6000H
			11..11		7FFFH
1	0	0	00..00	$\overline{Y4}$	8000H
			11..11		9FFFH
1	0	1	00..00	$\overline{Y5}$	A000H
			11..11		BFFFH
1	1	0	00..00	$\overline{Y6}$	C000H
			11..11		DFFFH
1	1	1	00..00	$\overline{Y7}$	E000H
			11..11		FFFFH

2. 方案 B

采用 1 片 74HC154,使能信号接地,D、B、C、A 分别连接地址线 AB15、AB14、AB13、AB12,提供 16 路片选信号 $\overline{Y0}$～$\overline{Y15}$,满足较大规模复杂系统需要,片选信号地址分配见表 11-4,地址译码电路见图 11-11,该地址译码电路为本书后续章节所使用。

表 11-4　地址分配表

A15	A14	A13	A12	A11..A0	片选$\overline{Yi}$	地址范围
0	0	0	0	00..00	$\overline{Y0}$	0000H
				11..11		0FFFH
0	0	0	1	00..00	$\overline{Y1}$	1000H
				11..11		1FFFH

续表

A15	A14	A13	A12	A11..A0	片选$\overline{Yi}$	地址范围
0	0	1	0	00..00	$\overline{Y2}$	2000H
				11..11		2FFFH
0	0	1	1	00..00	$\overline{Y3}$	3000H
				11..11		3FFFH
0	1	0	0	00..00	$\overline{Y4}$	4000H
				11..11		4FFFH
0	1	0	1	00..00	$\overline{Y5}$	5000H
				11..11		5FFFH
0	1	1	0	00..00	$\overline{Y6}$	6000H
				11..11		6FFFH
0	1	1	1	00..00	$\overline{Y7}$	7000H
				11..11		7FFFH
1	0	0	0	00..00	$\overline{Y8}$	8000H
				11..11		8FFFH
1	0	0	1	00..00	$\overline{Y9}$	9000H
				11..11		9FFFH
1	0	1	0	00..00	$\overline{Y10}$	A000H
				11..11		AFFFH
1	0	1	1	00..00	$\overline{Y11}$	B000H
				11..11		BFFFH
1	1	0	0	00..00	$\overline{Y12}$	C000H
				11..11		CFFFH
1	1	0	1	00..00	$\overline{Y13}$	D000H
				11..11		DFFFH
1	1	1	0	00..00	$\overline{Y14}$	E000H
				11..11		EFFFH
1	1	1	1	00..00	$\overline{Y15}$	F000H
				11..11		FFFFH

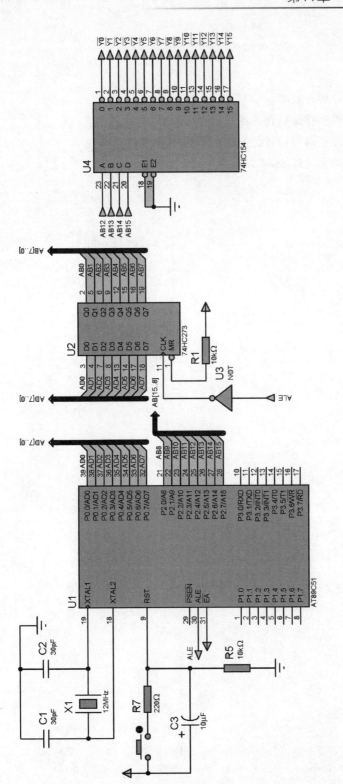

图 11-11 地址译码电路(74HC154)

习题

1. 外部总线扩展涉及哪些信号？
2. 简述外部程序存储器访问时序。
3. 简述系统片选信号设计的必要性和基本要求。
4. 用 74LS138 和 74LS154 设计系统片选信号产生电路。

## 第 12 章

外部程序存储器

微课视频

12.1 外部程序存储器扩展特性

1. 扩展特性

外部三总线是外部程序存储器扩展的硬件基础,所涉及信号如下。

地址总线(AB)(A0~A15):由 P2 口提供高 8 位地址线 A8~A15,P0 口以分时复用方式提供低 8 位地址线 A0~A7。

数据总线(DB)(D0~D7):P0 口以分时复用方式提供 8 位数据线 D0~D7。

控制线 PSEN、ALE 和 $\overline{EA}$:PSEN 为外部程序存储器读信号。ALE 为低 8 位地址锁存信号。利用外加的地址锁存器和 ALE 提供的地址锁存信号,将 P0 口分时复用的数据总线信号和地址总线低 8 位信号分开,形成独立的 8 位数据总线 DB 和 16 位地址总线 AB。$\overline{EA}$ 选择对片内程序存储器(4KB)或片外程序存储器的访问。当 $\overline{EA}=0$ 时,CPU 从外部 ROM 的 0000H 单元开始执行程序;当 $\overline{EA}=1$ 时,CPU 从内部 ROM 的 0000H 单元开始执行程序,当程序长度超过 4KB 时会自动转向外部 ROM 的 1000H 单元。

外部程序存储器常用器件包括 27 系列 EPROM、28 系列 EEPROM 和 29 系列 Flash 存储器。

2. 扩展接口

外部程序存储器的一般接口原理如图 12-1 所示。

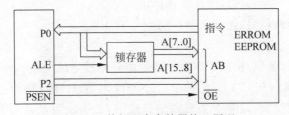

图 12-1 外部程序存储器接口原理

外部地址总线（AB）的高位地址线经过地址译码器（138 或 154）产生片选信号，实现片间寻址；低位地址线连接程序存储器件地址线引脚，实现片内寻址，选通存储单元。来自 P0 口的 8 条外部数据总线（DB）连接存储器数据线，$\overline{PSEN}$ 作为程序存储器的读信号。

12.2 EPROM

1. 常用 EPROM 芯片

常用 EPROM 芯片引脚如图 12-2 所示。

	27256	27128	2764	2732	27512
1	VPP	VPP	VPP		A15
2	A12	A12	A12		A12
3	A7	A7	A7	A7	A7
4	A6	A6	A6	A6	A6
5	A5	A5	A5	A5	A5
6	A4	A4	A4	A4	A4
7	A3	A3	A3	A3	A3
8	A2	A2	A2	A2	A2
9	A1	A1	A1	A1	A1
10	A0	A0	A0	A0	A0
11	O0	O0	O0	O0	O0
12	O1	O1	O1	O1	O1
13	O2	O2	O2	O2	O2
14	END	END	END	END	END

2716 引脚：

左侧（1～12）：A7-1、A6-2、A5-3、A4-4、A3-5、A2-6、A1-7、A0-8、O0-9、O1-10、O2-11、END-12

右侧（24～13）：VCC-24、A8-23、A9-22、VPP-21、$\overline{OE}$-20、A10-19、$\overline{CE}$-18、O7-17、O6-16、O5-15、O4-14、O3-13

27512	1732	2764	27128	27256	
VCC		VCC	VCC	VCC	28
A14		$\overline{PGM}$	$\overline{PGM}$	A14	27
A13	VCC	NC	A13	A13	26
A8	A8	A8	A8	A8	25
A9	A9	A9	A9	A9	24
A11	A11	A11	A11	A11	23
$\overline{OE}$/VPP	$\overline{OE}$/VPP	$\overline{OE}$	$\overline{OE}$	$\overline{OE}$	22
A10	A10	A10	A10	A10	21
$\overline{CE}$	$\overline{CE}$	$\overline{CE}$	$\overline{CE}$	$\overline{CE}$	20
O7	O7	O7	O7	O7	19
O6	O6	O6	O6	O6	18
O5	O5	O5	O5	O5	17
O4	O4	O4	O4	O4	16
O3	O3	O3	O3	O3	15

图 12-2　EPROM 芯片引脚

8 位数据线：连接系统外部数据总线（DB）。

地址线：连接系统外部地址总线（AB）中的低位地址线，寻址片内存储单元。片内寻址地址线个数因存储器容量不同而不同。

$\overline{CE}$：片选信号，多片扩展时，做片间选择用。

$\overline{OE}$：程序存储器读信号，连接系统控制信号 $\overline{PSEN}$。

2. 接口电路

用 4 片 2764（8K×8 位）扩展 32KB 外部程序存储器电路见图 12-3。

用高位地址线 A15（P2.7）和 A14（P2.6）经译码器 74HC139 产生片选信号 $\overline{Y0}$、$\overline{Y1}$、$\overline{Y2}$、$\overline{Y3}$，分别选通 4 片 2764，用 13 条低位地址线 A12～A0 寻址片内存储单元，构成 32KB 程序存储器。地址线 A13 未用，为不完全地址译码方式，地址范围见表 12-1。$\overline{PSEN}$ 连接各芯片 $\overline{OE}$，作为读控制信号。

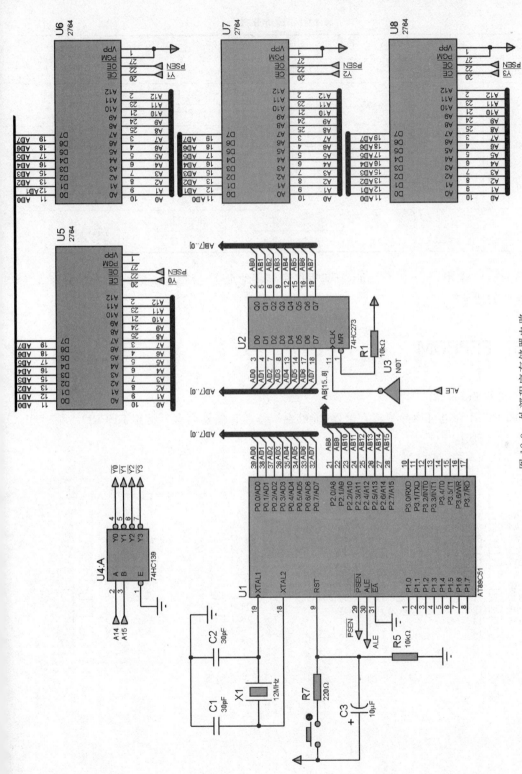

图 12-3 外部程序存储器电路

表 12-1 地址分布

$\overline{PSEN}$	A15A14	A13	A12~A0		地址范围	
$\overline{OE}$	$\overline{CE}$	NC	片内选择地址线			
0	00	0	0..0	0000H	2764(1#)	
			1..1	1FFFH		
0	01	0	0..0	4000H	2764(2#)	
			1..1	5FFFH		
0	10	0	0..0	8000H	2764(3#)	
			1..1	9FFFH		
0	11	0	0..0	C000H	2764(4#)	
			1..1	DFFFH		

因为 A13 未用，为不完全地址译码，程序存储器地址不连续，4 片 2764 的地址分布在 4 个不连续的地址空间。

12.3　EEPROM

1. 常用 EEPROM 芯片

EEPROM 为电可擦除只读存储器，能够在线修改存储器内容。常用 EEPROM 芯片引脚如图 12-4 所示。

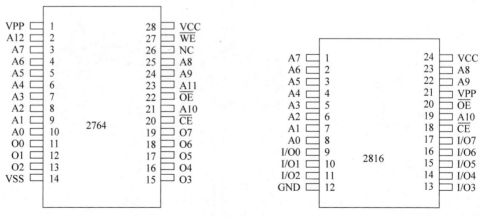

图 12-4　常用 EEPROM 芯片引脚

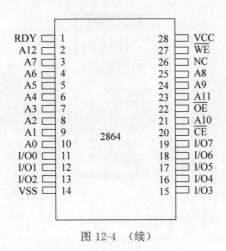

图 12-4 （续）

8 位数据线：连接系统外部数据总线（DB）。

地址线：连接系统外部地址总线中的低位地址线，寻址片内存储单元。片内寻址地址线因容量而不同。

$\overline{CE}$：片选信号，多片扩展时，做片间选择用。

$\overline{OE}$：程序存储器读信号，连接系统控制信号 $\overline{PSEN}$。

作外部程序存储器使用时，$\overline{WE}$ 连接高电平，禁止写。

EEPROM 读速度与 EPROM 相当，满足 CPU 要求。

2. 接口电路

用 2 片 2864（8K×8 位）扩展 16KB 外部程序存储器电路见图 12-5。用高位地址线 A15（P2.7）、A14（P2.6）、A13（P2.5）经 74HC138 译码器产生的片选信号 $\overline{Y0}$ 和 $\overline{Y1}$，分别选通 2 片 2864，13 条低位地址线 A12～A0 寻址片内存储单元，$\overline{PSEN}$ 连接各芯片 $\overline{OE}$ 作为读控制信号，构成 16KB 程序存储器，地址范围见表 12-2。

表 12-2 地址发布

$\overline{PSEN}$	A15A14A13	A12～A0		地址范围	
$\overline{OE}$	$\overline{CE}$	片内选择地址线			
0	000	0..0	0000H	2864（1#）	
		1..1	1FFFH		
0	001	0..0	2000H	2864（2#）	
		1..1	3FFFH		

为完全地址译码，程序存储器地址连续，2 片 2864 的地址分布在 0000H～3FFFH 连续地址空间。

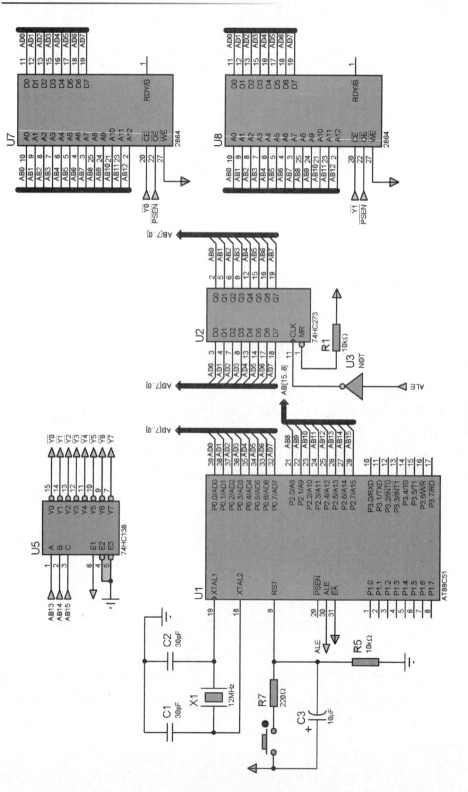

图 12-5　外部程序存储器电路

12.4　Flash 存储器

1. 常用 Flash 存储器芯片

Flash 存储器又称闪速存储器，因在 EPROM 工艺基础上增加了芯片整体电擦除和可再编程功能，而使其成为高性价比、高可靠性的非易失型存储器。

常见 Flash 芯片 AT29C256 为 CMOS 型 Flash 存储器，容量为 32K×8 位，读出时间为 70ns，芯片擦除时间为 10ms，写入时间为 10ms/页，重复使用次数大于 1 万次，引脚及功能分别见图 12-6 和表 12-3。

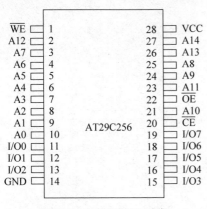

图 12-6　AT29C256 引脚

表 12-3　AT29C256 引脚及功能

引　　脚	功　　能
A0～A14	地址线
$\overline{CE}$	片选
$\overline{OE}$	输出使能
$\overline{WE}$	写使能
I/O0～I/O7	输入输出
NC	无连接

AT29C256 各引脚的功能说明如下。

8 位数据线：连接系统外部数据总线（DB）。

地址线：连接系统外部地址总线（AB）中的低位地址线，寻址片内存储单元。片内寻址地址线因容量不同而不同。

$\overline{CE}$：片选信号，多片扩展时，做片间选择用。

$\overline{OE}$：程序存储器读信号，连接系统控制信号 $\overline{PSEN}$。

$\overline{WE}$：写使能信号，作外部程序存储器使用时，$\overline{WE}$ 连接高电平，禁止写。

2. 接口电路

AT29C256 接口电路见图 12-7。用 A15 作片选信号，地址范围为 0000H～7FFFH，$\overline{PSEN}$ 连接芯片 $\overline{OE}$，作为读控制信号。

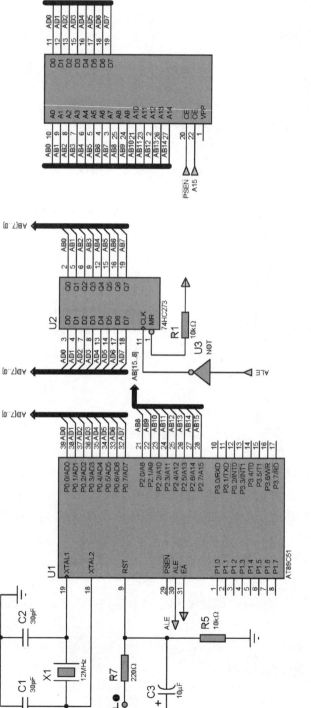

图 12-7 AT29C256 接口电路

习题

1. MCS-51 外部程序存储器扩展涉及哪些信号？

2. 简述外部程序存储器的访问过程。

3. 设计 16KB 程序存储器扩展接口电路。

4. MCS-51 访问外部程序存储器的地址信号和数据信号是如何生成的？为什么低 8 位地址需要锁存而高 8 位地址不需要？

5. 设计 16KB Flash 程序存储器接口和自检程序。

第 13 章

外部数据存储器

13.1 外部数据存储器扩展特性

1. 扩展特性

外部数据存储器与外部 I/O 端口采用统一编址方式,共享 64KB 地址空间(0000H～FFFFH),具有完全相同的访问指令和访问时序,扩展所涉及信号包括:

地址总线(AB)(A0～A15):由 P2 口提供高 8 位地址线 A8～A15,P0 口以分时复用方式提供低 8 位地址线 A0～A7。

数据总线(DB)(D0～D7):P0 口以分时复用方式提供 8 位数据线 D0～D7。

控制线 $\overline{RD}$、$\overline{WR}$ 和 ALE:$\overline{RD}$ 为读信号,$\overline{WR}$ 为写信号,ALE 为低 8 位地址锁存信号。

2. 扩展接口

外部数据存储器一般接口原理电路如图 13-1 所示。

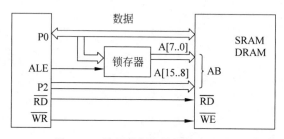

图 13-1　外部数据存储器接口电路

外部地址总线(AB)高位地址经过地址译码器(138 或 154)产生片选信号,实现片间寻址。外部地址总线低位地址线连接数据存储器地址线,实现片内单元寻址。来自 P0 口的外部数据总线(DB)的 8 条数据线连接存储器数据线,$\overline{RD}$ 和 $\overline{WR}$ 分别作为数据存储器的读和写控制信号。

13.2 常用数据存储器

常用数据存储器包括 SRAM6116(2K×8 位)、6264(8K×8 位)等,封装及引脚见图 13-2。

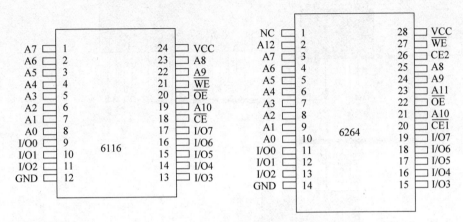

图 13-2 常用数据存储器

数据存储器引脚如下。

8 位数据线:连接系统外部数据总线(DB)的 D0~D7。

地址线:连接系统外部地址总线中的低位地址线,寻址片内存储单元。片内寻址地址线因存储器容量不同而不同。

$\overline{CE}$:片选信号,多片扩展时,做片间选择用。

$\overline{OE}$:数据存储器读信号,连接系统控制信号 $\overline{RD}$。

$\overline{WE}$:数据存储器写信号,连接系统控制信号 $\overline{WR}$。

13.3 数据存储器接口

1 片 6164(8K×8 位)接口电路见图 13-3。6164 的 8 条数据线连接系统数据总线 AD7~AD0,6164 的 13 条地址线 A12~A0 连接系统地址总线为 AB12~AB0,用 74HC138 译码器生成片选信号,6164 片选信号 $\overline{CE}$ 连接 $\overline{Y0}$,地址范围为 0000H~1FFFH。系统控制信号 $\overline{RD}$ 连接芯片 $\overline{OE}$ 作为读控制信号,系统控制信号 $\overline{WR}$ 连接芯片 $\overline{WE}$ 作为写控制信号,芯片片选信号 CS 高有效,直接连接 VCC,地址分布见表 13-1。

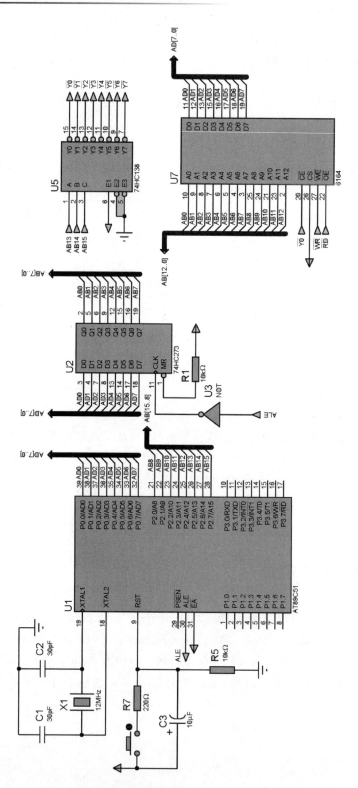

图 13-3　数据存储器接口电路

表 13-1 数据存储器地址分布

A15A14A13	A12～A0	地址范围
$\overline{CE}$	片内选择地址线	
000	0..0	0000H
	1..1	1FFFH

读写 RAM 单元内容,显示当前存储单元地址数据,参考程序如下:

```
# include "reg51.h"
# include < absacc.h >
/////////内存单元地址定义/////////
#define RAM01 XBYTE[0x0000]              //数据存储器地址范围为 0000H～1FFFH
unsigned char xdata * RAM_adr;
///////////延时
void vDelay(unsigned int uiT )
{
    while(uiT -- ) ;
 }
////////////////////////////数据存储器存储单元测试//////////////////
void vRAMTest()
{
      unsigned int i;
      unsigned char ucData;
      RAM_adr = &RAM01;
      For(i = 0;i < 0x1fff;i++)
      {
        * RAM_adr = 0x55;   vDelay(0x9000);      //写内存单元测试
        ucData = * RAM_adr;P1 = ucData;vDelay(0x9000);
       //读内存单元,在 P1 口显示测试
        * RAM_adr = 0xaa;   vDelay(0x9000);      //写内存单元测试
        ucData = * RAM_adr;P1 = ucData;vDelay(0x9000);
         //读内存单元测试
        RAM_adr++;
      }
    }
void main()
{
  while(1)
  {
    vRAMTest();
  }
}
```

习题

1. MCS-51 外部数据存储器扩展涉及哪些信号？

2. 简述外部数据存储器访问过程。

3. 设计 16KB 数据存储器扩展接口电路。

4. MCS-51 访问外部数据存储器的地址信号和数据信号是如何生成的？为什么低 8 位地址需要锁存而高 8 位地址不需要？

5. 设计 16KB SRAM 数据存储器接口和自检程序。

6. 外部程序存储器和外部数据存储器接口设计有哪些相同和不同之处？

## 第 14 章

键　　盘

微课视频

14.1　独立键盘

按键是单片机系统最常用的输入单元,基本按键电路见图 14-1。当按键未按下时,经上拉电阻提供高电平输入;当按键按下时,经按键接地提供低电平输入。

键盘是由若干按键电路组成的开关阵列,根据结构分为独立键盘和矩阵键盘。

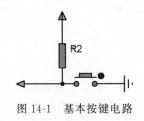

图 14-1　基本按键电路

1. 接口电路

独立按键电路如图 14-2 所示,每个按键单独占用一条 I/O 线,每个按键单独工作,相互独立,电路配置灵活,软件简单,适用于按键数少的系统。

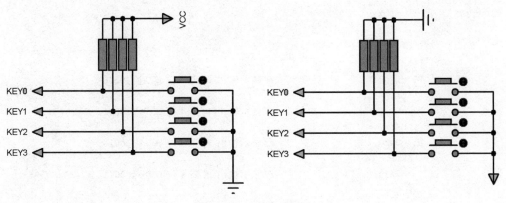

图 14-2　独立按键电路

2. 参考程序

独立按键接口电路如图 14-3 所示,采用查询方式检测并显示按键状态,并通过一位七段码 LED 显示器(BCD 输入)显示按键键值。

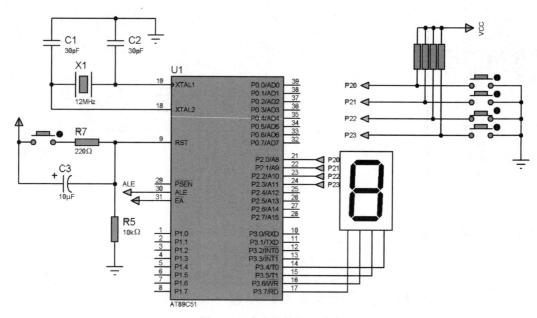

图 14-3　独立按键接口电路

```c
# include < reg51.h >
sbit KEY0 = P2^0;                  //按键定义
sbit KEY1 = P2^1;
sbit KEY2 = P2^2;
sbit KEY3 = P2^3;
void main( )
{
  while(1)
  {
    if(!KEY0)
      P3 = 0x00;                   //显示输出 0,高 4 位 BCD 码,0000
    if(!KEY1)
      P3 = 0x10;                   //显示输出 1,高 4 位 BCD 码,0001
    if(!KEY2)
      P3 = 0x20;                   //显示输出 2,高 4 位 BCD 码,0010
    if(!KEY3)
      P3 = 0x30;                   //显示输出 3,高 4 位 BCD 码,0011
  }
}
```

14.2　矩阵键盘

1. 接口电路
4×4 矩阵键盘结构及接口电路如图 14-4 所示。

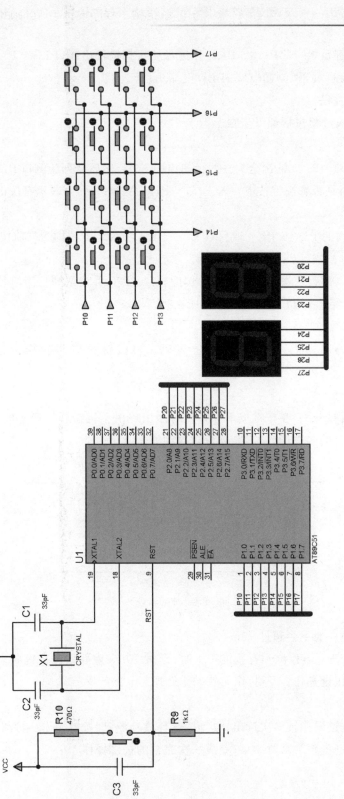

图 14-4 4×4 矩阵键盘结构及接口电路

P1 端口作为键盘接口。P1.3～P1.0 作键盘的行扫描输出线，P1.7～P1.4 作键盘的列检测输入线。键盘行列码（位置码）在 LED 上显示。

2．键盘扫描过程

4×4 键盘输入过程包括如下步骤。

1）按键判断

行扫描口 P1.3～P1.0 输出全为 0 的行扫描码 F0H，然后从列检测口 P1.7～P1.4 输入列检测信号。判断是否有按键按下。若 P1.7～P1.4 不全为高，则表示有按键按下。

2）按键识别

将步骤 1）得到的 P1.7～P1.4 取反，P1.7～P1.4 中为 1 的位即为当前按下的按键所在列。然后需要逐行扫描，以识别按键所在行。

使 P1.3～P1.0 逐行发送扫描码 1110、1101、1011、0111，并读取列检测信号 P1.7～P1.4，当 P1.7～P1.4 不等于 1111 即为找到按键所在列。

3）代码转换

所得到的行码和列码，即为按键的位置码。将按键位置码转换为按键识别码或 ASCII 码。

4）抖动处理

由于按键为机械开关，在按键按下和释放时会出现由于机械弹性产生的抖动如图 14-5 所示，导致对闭合键的多次读入，需要进行防抖动处理。

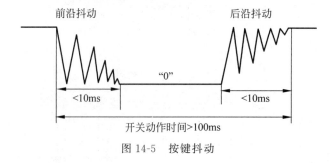

图 14-5　按键抖动

抖动持续时间一般不会超过 10ms。

软件防抖动处理：当检测到有按键按下时，延时 10ms 重新检测按键状态，若按键状态仍为低，则为有效按键操作；否则，作无效操作处理。

5）按键释放检测

为避免一次按键操作被多次读出，设置按键释放检测，即按键操作从检测到按键为低时开始，到检测到按键重新为高时结束，完成一次完整的按键操作。

3. 参考程序

```c
#include <reg51.h>
void vDelay(unsigned int uiT)
{
 while(uiT--);
}
unsigned char ScanKey(void)
{
    unsigned char ucL,ucR,ucK;
    P1 = 0xF0;
    if((P1&0xf0) == 0xf0)
      {return 0;}
    vDelay(100);                        //消抖
    if((P1&0xf0) == 0xf0)
      {return 0;}
    ucL = 0xfe;
    while((ucL&0x10)!= 0)
    {
      P1 = ucL;
      if((P1&0xf0)!= 0xf0)
        {
          ucR = (P1&0xf0)|0x0f;
          ucK = (~ucL) + (~ucR);
          P1 = 0xf0;
          while((P1&0xf0)!= 0xf0);      //等待按键释放
          return ucK;                   //返回键值
        }
      else
        ucL = (ucL << 1)|0x01;
    }
    return 0;
}

void main(void)
{
    unsigned char ucD;
    while(1)
    {
        ucD = ScanKey();
        P2 = ucD;
    }
}
```

14.3 按键解码芯片 74C922

1. 74C922

74C922 为 16 键解码芯片，封装与引脚见图 14-6。

74C922 内部振荡器完成 4×4 键盘矩阵扫描、消抖和编码，矩阵键盘的 4 行分别连接 74C922 的 Y1～Y4，4 列分别连接 X1～X4。当有按键按下时，DA 引脚输出高电平，同时封锁其他按键，片内锁存器保持当前按键的 4 位编码。

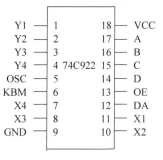

图 14-6 74C922 封装与引脚

2. 接口电路

利用 74C922 设计 4×4 矩阵键盘接口，如图 14-7 所示。

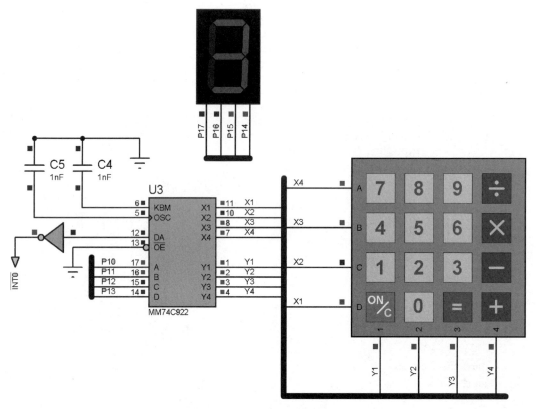

图 14-7 74C922 矩阵键盘接口

键盘编码输出连接 P1.0～P1.3，DA 连接 $\overline{INT0}$，在 $\overline{INT0}$ 中断处理程序中读按键编码，并在 P1.4～P1.7 显示。按键采用 Proteus 的小键盘，其原理如图 14-4 的 4×4 键盘所示。

3．参考程序

```
# include "reg51.h"
typedef unsigned char   uchar;
typedef unsigned int    uint;

void delayms(uint);
void EINT0() interrupt 0
{
    uchar ucD;
    ucD = P1;                      //读按键编码
    ucD = ucD << 4;
    P1 = ucD|0x0f;                 //P1 高 4 位显示键盘编码
}

void delayms(uint j)
 {
     while (j-- );
 }

 void main(void)
 {
   IE = 0x81;                      //INT0 中断允许
   IT0 = 1;                        //下降沿触发
   while(1);
 }
```

习题

1. 简述矩阵键盘按键检测过程。
2. 简述按键抖动产生的原因及消除抖动的原理和方法。
3. 简述按键设计时上拉电阻的作用。

微课视频

第 15 章

显 示

15.1 LED 显示器件

发光二极管(Light Emitting Diode,LED)是一种电致发光二极管,在足够的正向导通电流作用下发光,是单片机系统最常用的指示器件。

15.1.1 发光二极管限流电阻计算

单个普通 LED 是压降为 1.5～2.5V 的二极管,正常工作电流一般为 10mA。

LED 接口设计中需要根据 LED 工作电流计算电路中的限流电阻值,见图 15-1。

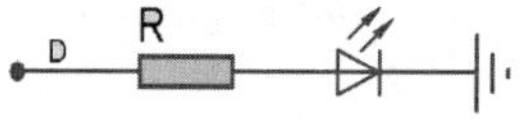

图 15-1 单个 LED 驱动接口

$$I_F = \frac{V_{CC} - V_F}{R}$$

式中,V_F 为 LED 正向压降,一般取 1.5～2.5V,R 为限流电阻。可根据下式计算限流电阻,

$$R = \frac{V_{CC} - V_F}{I_F}$$

当 $V_{CC} = +5V$ 时,$R = 280\Omega$。

当工作电压为 5V 而驱动电流要求不大时,可用系统 I/O 口直接驱动,也可用 7406、7404 等门电路驱动普通 LED。对于大电流的 LED,需要增加晶闸管或三极管以放大驱动电流。

15.1.2 七段码 LED 显示器

1. 七段码 LED 显示

七段码 LED 显示器是由发光二极管组成的 LED 阵列,封装于管壳中,分为共阳极型和共阴极型,其结构见图 15-2,显示码见表 15-1。

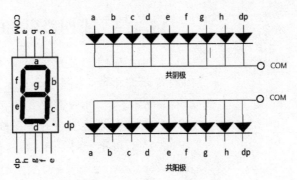

图 15-2　七段 LED 显示器原理

表 15-1　七段 LED 显示码

字型	dp	g	f	e	d	c	b	a	编码共阴	编码共阳
0	0	0	1	1	1	1	1	1	3F	C0
1	0	0	0	0	1	1	0	0	0C	F3
2	0	1	1	1	0	1	1	0	76	89
3	0	1	0	1	1	1	1	0	5E	A1
4	0	1	0	0	1	1	0	1	4D	B2
5	0	1	0	1	1	0	1	1	5B	A4
6	0	1	1	1	1	0	1	1	7B	84
7	0	0	0	0	1	1	1	0	0E	F1
8	0	1	1	1	1	1	1	1	7F	80
9	0	1	1	1	1	1	1	1	5F	A0
A	0	1	0	0	1	1	1	1	6F	90
B	0	1	1	1	1	0	0	1	79	86
C	0	0	1	1	0	0	1	1	33	CC
D	0	1	1	1	1	1	0	0	7C	83
E	0	1	1	1	0	0	1	1	73	8C

2. 七段码 LED 显示器驱动电流计算

相比于单个 LED,七段码 LED 显示器需要更高的压降和更大的驱动电流。

LED 发光时,驱动电流计算如下:

每一段电流为

$$I_i = \frac{V_{CC} - (V_F - V_{CS})}{R} = 25\text{mA}$$

公共端最大电流为

$$I_{com} = NI_i = 8 \times 25\text{mA} = 200\text{mA}$$

公共端用 7404 作电流放大,如图 15-3 所示。

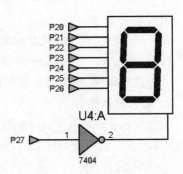

图 15-3　七段码显示接口电路

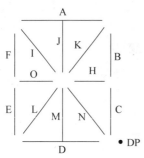

图 15-4 十四段码 LED 显示器

15.1.3 十四段码 LED 显示器

十四段码 LED 显示器引脚及内部结构与七段码 LED 显示器相似，不同之处在于用十四段码 LED 显示器显示内容，显示符需要 2 字节表示，可以显示较七段码 LED 显示器更复杂的字符和符号，见图 15-4。

数字 8 和字符 M 的 14 位显示码（共阴极）见表 15-2。

表 15-2 数字 8 和字符 M 的 14 位显示码

显示	D15	D14	D13	D12	D11	D10	D9	D8	D7	D6	D5	D4	D3	D2	D1	D0
	o	n	m	l	k	j	i	h	DP	X	f	e	d	c	b	a
8	1	0	0	0	0	0	0	1	0	0	1	1	1	1	1	1
M	0	0	0	0	1	0	1	0	0	0	1	1	0	1	1	0

15.1.4 多位七段码 LED 显示器

1. 引脚与封装

多位七段码 LED 显示器有 2 位、4 位、8 位等，封装及工作方式相似，其中 8 位七段码 LED 显示器见图 15-5。

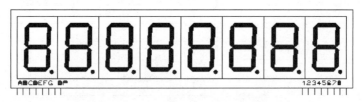

图 15-5 8 位七段码 LED 显示器

引脚定义如下。

ABCDEFG(DP)：段控制引脚，显示码输入引脚。

12345678：显示位控制引脚。

因为段码复用，所以必须采用动态显示方式。

2. 动态显示接口

动态显示：利用人眼具有的视觉暂留特性（<0.04s），选定合适的扫描频率，逐位显示各个七段 LED 数码管，产生连续稳定的显示效果。每一位七段码显示器有一个独立的位控制端，各位七段码显示器的同名段连接在一起共用一个显示段输出端口，接口电路如图 15-6 所示。

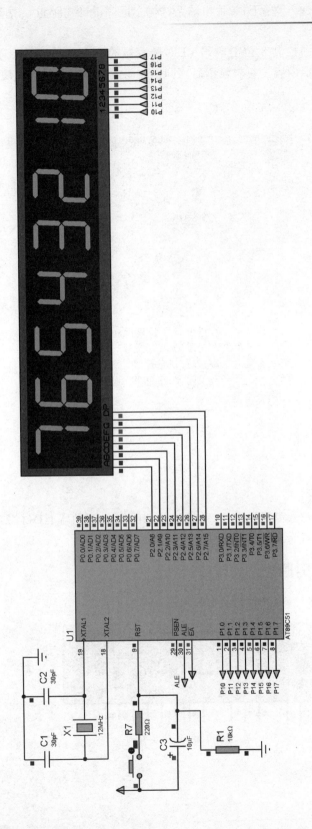

图 15-6 动态显示接口电路

P1 口作为位驱动，分别控制 8 位七段码 LED 显示器的 8 个位分时显示不同的字符。P2 口作为段驱动，控制显示内容。每位显示后，延时，关闭，循环连续扫描，实现动态显示。

参考程序：

```
# include < reg51.h>
unsigned char code LED[ ] = {0x3F,0x06,0x5B,0x4F,0x66,0x6D,0x7D,0x07, 0x7F,0x6F};
void vDelay(unsigned int uiT)              //延时函数
{
  while(uiT -- );
}
void main( )                               //主程序
{
  unsigned char i;
  while(1)
  {
   for(i = 0;i < 8;i++)
    {
      P1 = 0x80 >> i;                      //送位码,1 位显示
      P2 = ~LED[ i];                       //送段码,显示数字
      vDelay(100);                         //延时,视觉暂留
      P1 = 0x00;                           //关闭,防止鬼影
    }
  }
}
```

15.2 LCD1602

LCD1602 为点阵型字符液晶显示模块，由控制器 HD4480、驱动器 HD4410 和液晶显示板组成，可实现两行 2×16 个字符显示。

15.2.1 封装及引脚

LCD1602 为单列 16 脚封装，其封装及引脚见图 15-7。

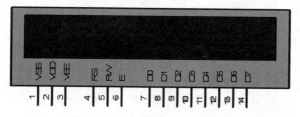

图 15-7 LCD1602 封装及引脚

引脚及功能定义如下。

VSS：电源地。

VDD：电源＋。

VEE：液晶对比度调整引脚，接 0~5V 电压，调节液晶显示对比度。

RS：寄存器寻址引脚，输入。当 RS=1 时，选择数据寄存器；当 RS=0 时，选择指令寄存器。

R/W：读写控制，输入。当 R/W=1 时，读操作；当 R/W=0 时，写操作。

E：使能端。当 E 为高电平时，可以进行读操作；当 E 为下降沿时，数据被写入。

D0~D7：数据总线。

LEDA：背光电源＋。

LEDB：背光电源地。

15.2.2　指令集

LCD1602 指令集见表 15-3，可编程实现初始化和各种显示功能。

表 15-3　LCD1602 指令集

序号	指令	RS	R/W	D7	D6	D5	D4	D3	D2	D1	D0
1	清屏	0	0	0	0	0	0	0	0	0	1
2	光标复位	0	0	0	0	0	0	0	0	1	X
3	输入模式	0	0	0	0	0	0	0	1	I/D	S
4	显示设置	0	0	0	0	0	0	1	D	C	B
5	光标移位	0	0	0	0	0	1	S/C	B/L	X	X
6	功能设定	0	0	0	0	1	DL	N	F	X	X
7	CGRAM 地址	0	0	0	1	CGRAM 地址					
8	DDRAM 地址	0	0	1	DDRAM 地址						
9	忙标志	0	1	BF	计数器地址						
10	写 DDRAM	1	0	写入数据							
11	读 DDRAM	1	1	读出数据							

指令 1：清屏。光标回到左上角，地址计数器 AC 复位为 0。

指令 2：光标复位。光标回到左上角，显示内容不变。

指令 3：输入模式设置。I/D=1，读写操作后内部地址寄存器 AC 自动加 1；I/D=0，读写操作后 AC 自动减 1。S=1，读写操作后画面平移；S=0，读写操作后画面保持。

指令 4：显示设置。D=1 开显示，D=0 关显示。C=1 显示光标，C=0 关闭光标。B=1 光标闪烁，B=0 光标不闪烁。

指令 5：光标/屏幕移动控制。

S/C：S/C=1，画面平移 1 个字符位；S/C=0，光标平移 1 个字符位。

R/L：R/L=1，右移；R/L=0，左移。

指令 6：功能设置。

DL：DL＝1,8位数据接口；DL＝0,4位数据接口。

N：N＝1,两行显示；N＝0,一行显示。

F：F＝1,5×10点阵；F＝0,5×7点阵。

指令7：CGARM自定义字符发生器地址设置。地址范围为00H～3FH,共64个单元,对应8个自定义字符。

指令8：DDRAM显示缓冲区地址设置。地址范围为00H～7FH。

指令9：读忙标志和地址计数器AC地址。BF＝1,模块忙,不接收命令或数据；BF＝0,不忙,可接收数据、指令。

指令10：写DDRAM/CGRAM。配合地址设置指令。

指令11：读DDRAM/CGRAM。配合地址设置指令。

15.2.3 双LCD1602显示

1. 接口电路

双LCD1602接口电路如图15-8所示。LCD1602(1♯)和LCD1602(2♯)的DB[7..0]、RS、RW信号同名相连,连接P1口和P2口。LCD1602(1♯)和LCD1602(2♯)的使能端分别由P2.1和P2.3控制。

2. 参考程序

```c
#include<reg52.h>
#include<absacc.h>
#define LCD1602_DB P0              //DB数据总线
sbit LCD1602_RS = P2^5;
sbit LCD1602_RW = P2^4;
sbit LCD1602_EN = P2^3;            //分时驱动
sbit EN01 = P2^1;
void InitLcd1602(unsigned char ucEN);
void LcdShowStr(unsigned char ucEN,unsigned char x,unsigned char y,unsigned char * str);
void main()
{
    unsigned char str0[] = "HI!,MYBOOKS";
    unsigned char str1[] = "36210,YOUR FUTURE";
    InitLcd1602(0);
    InitLcd1602(1);
    LcdShowStr(0,0,0,str0);
    LcdShowStr(1,0,0,str1);
     while(1);
}
void Read_Busy(unsigned char ucEN)
//忙检测函数,判断bit7是0,允许执行;1则禁止执行
{
    unsigned char sta;
    LCD1602_DB = 0xff; LCD1602_RS = 0; LCD1602_RW = 1;
```

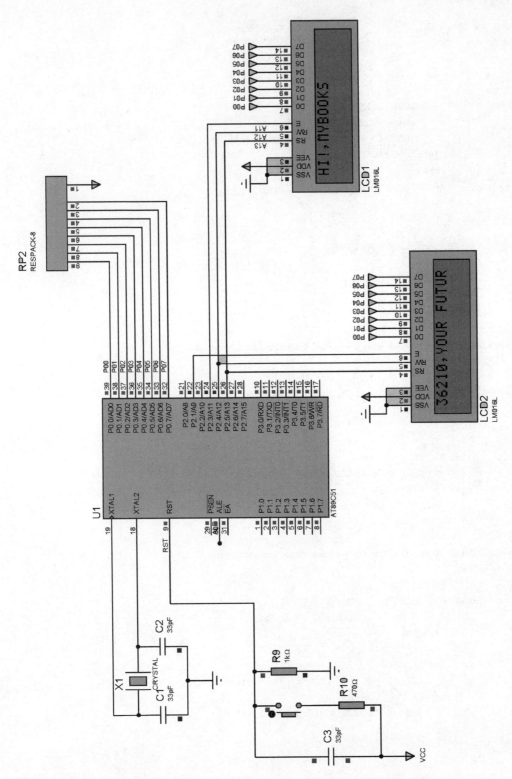

图 15-8 双 LCD1602 接口电路

```
            switch(ucEN)
      {
            case 0:
                do
                {
                    LCD1602_EN = 1;
                    sta = LCD1602_DB;
                    LCD1602_EN = 0;        //使能,拉低,释放总线
                }while(sta & 0x80);
                break;
            case 1:
                do
                {
                    EN01 = 1;
                    sta = LCD1602_DB;
                    EN01 = 0;               //使能,拉低,释放总线
                }while(sta & 0x80);
                break;
      }
}
void Lcd1602_Write_Cmd(unsigned char ucEN,unsigned char cmd)
   //写命令
{
    Read_Busy(ucEN); LCD1602_RS = 0; LCD1602_RW = 0;
    LCD1602_DB = cmd;
    switch(ucEN)
    {
       case 0:
            LCD1602_EN = 1; LCD1602_EN = 0;break;
       case 1:
            EN01 = 1; EN01 = 0;break;
    }
}
void Lcd1602_Write_Data(unsigned char ucEN,unsigned char dat)
   //写数据
{
    Read_Busy(ucEN);      LCD1602_RS = 1;
    LCD1602_RW = 0;        LCD1602_DB = dat;
      switch(ucEN)
      {
         case 0:
             LCD1602_EN = 1; LCD1602_EN = 0;break;
         case 1:
             EN01 = 1; EN01 = 0;break;
      }
    }
```

```
void LcdSetCursor(unsigned char ucEN,unsigned char x,unsigned char y)
 //坐标显示
{
    unsigned char addr;
    if(y == 0)
        addr = 0x00 + x;
    else
        addr = 0x40 + x;
    Lcd1602_Write_Cmd(ucEN,addr|0x80);
}
void LcdShowStr(unsigned char ucEN,unsigned char x,unsigned char y,unsigned char * str)
    //显示字符串
    {
        LcdSetCursor(ucEN,x,y);          //当前字符的坐标
        while( * str != '\0')
        {
            Lcd1602_Write_Data(ucEN, * str++);
        }
    }
void InitLcd1602(unsigned char ucEN)     //1602 初始化
    {
        Lcd1602_Write_Cmd(ucEN,0x38);
        Lcd1602_Write_Cmd(ucEN,0x0c);
        Lcd1602_Write_Cmd(ucEN,0x06);
        Lcd1602_Write_Cmd(ucEN,0x01); //清屏
}
```

15.3 串行 LCD 显示

1. 串行 LCD 显示器

Proteus 提供了 MILFORD-2×20-BKP 用于 LCD 显示仿真,其基于 HD44780LCD 控制器,与 LCD1602 有相同的操作指令集,仅使用一条串行通信数据线连接,封装及引脚如图 15-9 所示。

图 15-9　串行 LCD MILFORD-2×20-BKP 封装及引脚

2. 接口电路

MILFORD-BKP 接口如图 15-10 所示。

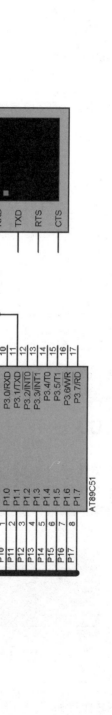

图 15-10 串行 LCD MILFORD-BKP 接口

MILFORD-BKP 引脚 RXD 连接系统 TXD,以串行通信方式接收字符串并显示。在以串行方式发送指令前,需先写入 0xFE 作为前导字节。

3. 参考程序

```c
#include "reg51.h"
typedef unsigned char   uchar;
typedef unsigned int    uint;
void delayms(uint);
void putcLCD(uchar ucD)                //串行口发送
{
  SBUF = ucD;
  while(!TI);
  TI = 0;
}
uchar GetcLCD()                        //串行口接收
{
  while(!RI);
  RI = 0;
  return SBUF;
}

void vWRLCDCmd(uchar Cmd)              //LCD 写命令
{
  putcLCD(00xfe);                      //发送命令前导字节
  putcLCD(Cmd);
}

void LCDShowStr(uchar x, uchar y, uchar * Str)    //串行口写字符串
{
  uchar code DDRAM[] = {0x80,0xc0};
  uchar i;
  vWRLCDCmd(DDRAM[x]|y);
  i = 0;
  while(Str[i]!= '\0')
    {
        putcLCD(Str[i]); i = i++;
        delayms(10);
    }
}
void main(void)
{
    uchar ucD;
    TMOD = 0x20;                       //定时器 1 工作方式 2
    TH1 = 0xFD;                        //11.0592MHz,9600b/s
    TL1 = 0xFD;
    SCON = 0x50;
```

```
    RI = 0;TI = 0;TR1 = 1;delayms(10);
    while(1)
     {
        vWRLCDCmd(0x01);LCDShowStr(0,0,"36210!"); delayms(10000);
     }
 }

void delayms(uint j)
 {
     while (j-- );

 }
```

习题

1. 简述动态显示的原理和实现方法。
2. 写出数字 3、6、9、0 的共阴极七段显示码。
3. 设计 LCD1602 接口电路,显示字符串"HELLO,THE WORLD!"

第 16 章

可编程并行接口芯片 8255A

微课视频

16.1 基本特性

8255A 为可编程并行 I/O 接口芯片,具有 3 个 8 位并行 I/O 端口(A 口、B 口和 C 口),其中 C 口可分为 2 个 4 位并行 I/O 口使用,并具有按位复位/置位功能,兼容 TTL/CMOS 电平。

1. 内部结构

8255A 的内部结构见图 16-1。

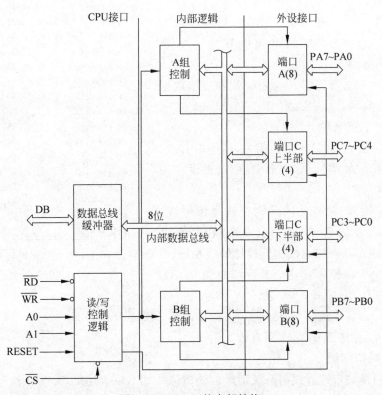

图 16-1 8255A 的内部结构

数据总线缓冲器：8 位双向三态数据缓冲器，可直接与 CPU 数据总线相连。

读/写控制逻辑：接收来自 CPU 的地址和控制信号，完成 8255A 内部读/写控制操作。

端口 A：具有 8 位数据输出锁存/缓冲器和 8 位数据输入锁存器。

端口 B：具有 8 位数据输入/输出、锁存/缓冲器和 8 位数据输入缓冲器。

端口 C：具有 8 位数据输出锁存/缓冲器和 8 位数据输入锁存器，可分成 2 个 4 位端口独立使用，也可分别与端口 A 和端口 B 配合，输出控制信号，或接收从外设输入的状态信号。

内部控制逻辑：包括 A 组控制部件、B 组控制部件两部分，其中 A 组控制部件控制端口 A 和端口 C 的高 4 位（PC7～PC4），B 组控制部件控制端口 B 和端口 C 的低 4 位（PC3～PC0）。内部设置控制寄存器，接收来自 CPU 的控制字，根据控制字的内容决定各数据端口的工作方式。

2. 引脚

8255A 有 40 根引脚，封装及引脚见图 16-2。

PA7～PA0：8 位三态输入/输出，可编程设定为输入、输出或双向方式。

PB7～PB0：8 位三态输入/输出，可编程设定为输入或输出。

PC7～PC0：8 位三态输入/输出，可编程设定为输入、输出，或作为端口 A 和端口 B 的输入/输出状态线与控制线。

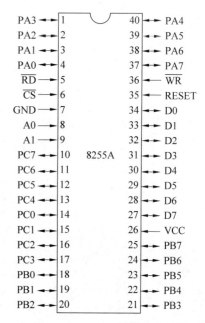

图 16-2　8255A 封装及引脚

D7～D0：8 位三态输入/输出，双向三态数据线，连接系统数据总线，实现 CPU 和 8255A 之间的数据、命令、状态传输。

RESET：输入，8255A 复位信号，高电平有效。有效时所有寄存器清零，A 口、B 口、C 口被设定为输入方式。

A1、A0：输入，8255A 内部端口选择信号线，用于选择 8255A 的 A 口、B 口、C 口和控制寄存器。A1、A0 通常与系统总线的低位地址线相连。

$\overline{RD}$：输入，读控制信号，接系统总线的 $\overline{RD}$ 信号。

$\overline{WR}$：输入，写控制信号，低电平有效，接系统总线 $\overline{WR}$ 信号。

$\overline{CS}$：输入，片选信号，低电平有效。

3. 内部端口编址

8255A 内部端口选择线与系统地址总线低位地址 A1A0 连接，实现对 8255A 内部 PA、PB、PC 和控制端口的寻址，端口编址见表 16-1。

表 16-1　8255A 端口编址

$\overline{CS}$	$\overline{RD}$	$\overline{WR}$	A1	A0	选择端口	传送方向
0	0	1	0	0	读 A 端口	PA→数据总线
0	0	1	0	1	读 B 端口	PB→数据总线
0	0	1	1	0	读 C 端口	PC→数据总线
0	1	0	0	0	写 A 端口	PA←数据总线
0	1	0	0	1	写 B 端口	PB←数据总线
0	1	0	1	0	写 C 端口	PC←数据总线
0	1	0	1	1	写控制端口	控制端口←数据总线

16.2　工作方式

8255A 有 3 种工作方式。

方式 0：基本输入/输出方式，适用于端口 A、端口 B 和端口 C。

方式 1：选通输入/输出方式，适用于端口 A 和端口 B。

方式 2：双向输入/输出方式，适用于端口 A。

16.2.1　工作方式 0

工作方式 0 为基本输入/输出方式，端口 A、端口 B 作为 2 个独立的 8 位并行端口，可设置为输入或输出。端口 C 作为 2 个独立的 4 位并行端口 PC[7..4]和 PC[3..0]，可分别被设置为输入或输出。

16.2.2　工作方式 1

工作方式 1 为选通输入/输出方式。端口 A 和端口 B 可分别被设置为工作方式 1，这时分成 A、B 两组选通端口，可工作于查询或中断输入/输出数据传送。其中，A 组包括端口 A 的 8 位数据线和端口 C 的高 4 位，B 组包括端口 B 的 8 位数据线和端口 C 的低 4 位，每组均设置有中断请求逻辑。

在工作方式 1 时，端口 C 被作为端口 A 或端口 B 的输入/输出控制线和状态线使用，并且端口 C 的功能在工作方式 1 输入和工作方式 1 输出有不同的定义。

1. 方式 1 输入

引脚定义见图 16-3。

当端口 A 和端口 B 任一端口工作于方式 1 输入时，各个控制信号定义如下。

$\overline{STB}$(Strobe)：选通输入，低电平有效。这是由外设供给的输入信号，当其有效时，把输入装置来的数据送入输入锁存器。

IBF(Input Buffer Full)：输入缓冲器满，高电平有效，8255A 输出至外设的联络信号。有效时，表示数据已输入至输入锁存器，由 $\overline{STB}$ 信号置位(高电平)，而 $\overline{RD}$ 信号的上升沿使其复位。

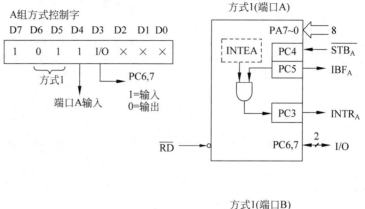

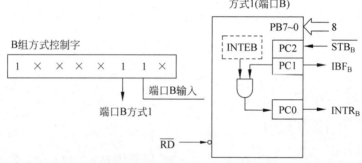

图 16-3　工作方式 1 输入时引脚定义

INTR(Interrupt Request)：中断请求信号,高电平有效,8255A 输出信号,可作为 CPU 的中断请求信号,以请求 CPU 服务。当 $\overline{STB}$ 为高电平、IBF 为高电平和 INTE(中断允许) 为高电平时被置为高,由 $\overline{RD}$ 信号的下降沿清除。

INTEA(Interrupt Enable A)：端口 A 中断允许信号,可由用户通过对 PC4 的按位置 位/复位来控制(PC4＝1,允许中断)。INTEB 由 PC2 的置位/复位控制。

INTEB(PC2)：中断允许,用按位复位/置位命令设置。

INTEA(PC4)：中断允许,用按位复位/置位命令设置。

工作方式 1 输入工作过程如下。

① $\overline{STB}$ 信号有效,8255A 锁存 A 口或 B 口内容。

② IBF 有效,A 口或 B 口锁存有效标志位。

③ 当 $\overline{STB}$ & IBF & INTE 同时有效,中断申请 INTR 有效。

2. 方式 1 输出

在方式 1 下,当 A 口工作于输出时,需使用 C 口的 PC6、PC7、PC3 作为其 $\overline{OBF}$、$\overline{ACK}$、INTR 信号线使用,完成 A 口与 CPU 或外部设备之间的数据传送,见图 16-4。

在方式 1 下,当 B 口工作于输出时,需使用 C 口的 PC2、PC1、PC0 作为 $\overline{OBF}$、$\overline{ACK}$、

INTR 信号线使用,完成 B 口与 CPU 或外部设备的数据传送。

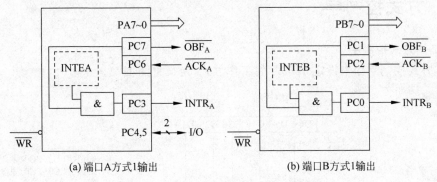

(a) 端口A方式1输出　　　　(b) 端口B方式1输出

图 16-4　8255A 工作方式 1 输出引脚定义

16.2.3　工作方式 2

工作方式 2 为双向输入/输出方式,仅 A 口可在此方式下工作。

当 A 口工作于双向输入/输出方式时,B 口只能工作于方式 0 或方式 1 下,C 口引脚定义如图 16-5 所示。

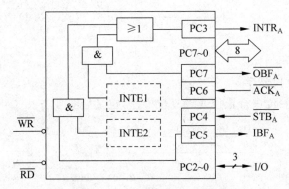

图 16-5　8255A 工作方式 2 引脚定义

$\overline{OBF}$:输出缓冲器满信号,低有效。8255A 输出给外设的一个状态信号,当其有效时,表示 CPU 已把数据输出给指定的端口,外设可以取走。

$\overline{ACK}$:响应信号,低有效,外设的响应信号,指示 8255A 的端口数据已由外设接收。

INTR:中断请求信号,高有效,当输出设备已接收数据后,8255A 输出此信号向 CPU 提出中断请求,要求 CPU 继续提供数据。

8255A 的中断由中断允许触发器 INTE 控制,置位允许中断,复位禁止中断。

对 INTE 的操作通过写入端口 C 的对应位实现,INTE 触发器对应端口 C 的位是作应答联络信号的输入信号的那一位,只要对那一位置位/复位就可以控制 INTE 触发器。端口 A 的 INTEA 对应 PC4,端口 B 的 INTEB 对应 PC2。

16.3 方式控制字

1. 工作方式控制字

工作方式控制字用来设定 8255A 的工作方式，定义见图 16-6。

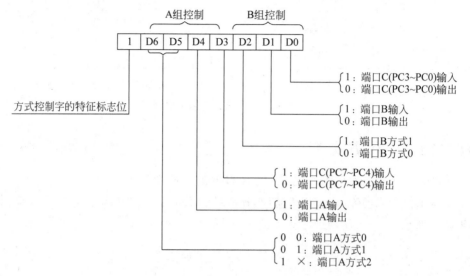

图 16-6　8255A 工作方式控制字

2. C口置位/复位控制字

对 C 口中的任意一位进行置位或者复位操作，定义见图 16-7。

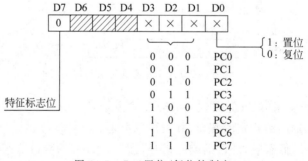

图 16-7　C 口置位/复位控制字

16.4 并行接口扩展电路

利用 1 片 8255A 扩展并行 I/O 接口电路如图 16-8 所示，8255A 片选信号 $\overline{\text{CS}}$ 连接地址译码 $\overline{\text{Y7}}$，8255A 内部端口编址见表 16-2。

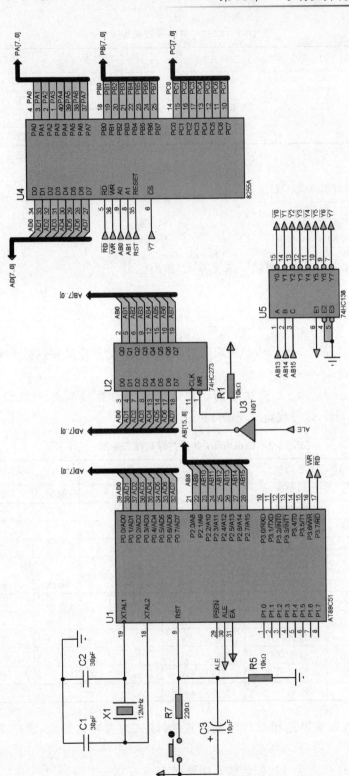

图16-8 8255A并行接口电路

表 16-2   8255A 内部端口编址

$\overline{CS}(\overline{Y7})$	A15A14A13	A12~A2	A1	A0	端口地址
0	111	未用	0	0	PA 口：E000H
			0	1	PB 口：E001H
			1	0	PC 口：E002H
			1	1	控制口：E003H

```
//端口定义
#define M8255A XBYTE[0xE000]
#define M8255B XBYTE[0xE001]
#define M8255C XBYTE[0xE002]
#define M8255COM XBYTE[0xE003]
```

扩展出的 3 个 8 位 I/O 口，增强了系统输入/输出能力。

16.5 打印机接口

并行打印机接口标准(Centronics)规定了打印机接口的信号定义和数据传输时序。

1. 接口标准

完整的 Centronics 标准定义了 36 芯打印机接口，包括数据线 8 条、状态线 5 条、+5V 电源线 1 条和地线 15 条，信号线定义见表 16-3。

表 16-3   Centronics 并行打印机接口标准

引脚号	信号	I/O	功能	引脚号	信号	I/O	功能
1	$\overline{STB}$	输入	数据选通	13	SLCT	输出	正常工作
2	D1	输入	数据线	14	$\overline{AUTO}$	输入	自动走纸
3	D2	输入	数据线	16	逻辑地		
4	D3	输入	数据线	17	机架地		
5	D4	输入	数据线	19~30	地		
6	D5	输入	数据线	31	$\overline{INT}$	输入	复位
7	D6	输入	数据线	32	$\overline{ERROR}$	输出	脱机出错
8	D7	输入	数据线	33	地		
9	D8	输入	数据线	35	+5V		电源
10	$\overline{ACK}$	输出	准备就绪	36	$\overline{SLCTIN}$	出	工作允许
11	BUSY	输出	打印机忙	15、18、34	NC		未用
12	PE	输出	缺纸				

表 16-3 中的输入和输出是相对打印机而言的，输入为控制信号线，输出为打印机状态线。

Centronics 标准打印机接口数据传输时序见图 16-9。

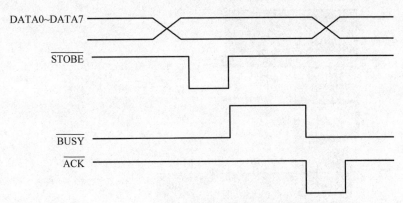

图 16-9 Centronics 标准打印机接口数据传输时序

当 CPU 打印数据时,首先查询信号 BUSY,当 BUSY＝0 时,表明打印机处于不忙状态,将数据通过数据总线输出给接口,然后输出数据选通脉冲信号 $\overline{STB}$,将数据输入打印机内部数据锁存器。打印机在 $\overline{STB}$ 信号的上升沿将 BUSY 置 1,表明打印机正在处理数据,不能接收新的数据。待输入数据处理完成,打印机输出 $\overline{ACK}$ 信号,表明打印机可以接收下一个数据。同时,在 $\overline{ACK}$ 下降沿,使 BUSY 复位,撤销忙状态标志,一个数据传输结束。

2. 接口电路

用 1 片 8255A 设计查询方式打印机接口电路如图 16-10 所示,8255A 片选信号 $\overline{CS}$ 连接地址译码器输出信号 $\overline{Y7}$,8255A 内部端口编址见表 16-4。

端口 A 设置为方式 0 输出,输出打印数据,端口 C 高 4 位设置为输出方式,由 PC7 提供选通信号 $\overline{STB}$,端口 C 低 4 位设置为输入方式,由 PC2 接收打印机状态信号 BUSY。

表 16-4 8255A 内部端口编址

$\overline{CS}$(Y7)	A15A14A13	A12～A2	A1	A0	端口地址
0	111	未用	0	0	PA 口：E000H
			0	1	PB 口：E001H
			1	0	PC 口：E002H
			1	1	控制口：E003H

3. 参考程序

```
# include < reg51.h>
# define COM8255 XBYTE[0xE003]
# define PA8255 XBYTE[0xE000]
# define PB8255 XBYTE[0xE001]
# define PC8255 XBYTE[0xE002]
void vPrinter(unsigned char * ucD)
{
  while( * ucD!= '\0')
    {
```

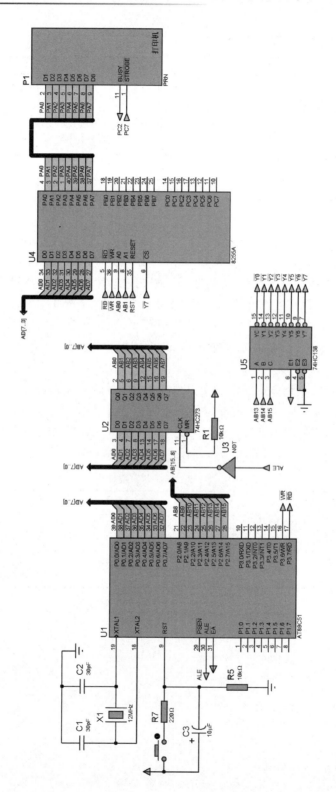

图 16-10　8255A 打印机接口电路

```
        while(0x04 & PC8255);          //查询 BUSY 标志,等待打印机空闲状态 PC2
        PA8255 = * ucD;                //输出字符
        COM8255 = 0X0E; COM8255 = 0X0E; //产生 STB 脉冲信号
        COM8255 = 0X0F;COM8255 = 0X0F;
        ucD++;
    }
}
void main()
{
    unsigned char Data[8] = "WELCOME!";
    COM8255 = 0x81;                    //设置 A 口方式 0,输出;C 口高 4 位输出,低 4 位输入
    vPrinter(Data);                    //打印字符串
}
```

16.6　按键和显示接口

1. 接口电路

利用 8255A 扩展 8 位独立按键输入和 8 位 LED 指示输出,接口电路见图 16-11。
8255A 的 A、B 口被设置为方式 0,A 口输出,B 口输入。8255A 片选信号连接 138 译码器
$\overline{Y7}$,A 口、B 口、C 口和控制口地址分别为 E000H、E001H、E002H 和 E003H。

B 口读取按键状态,送 A 口显示。

2. 参考程序

```
# include "reg51. h"
# include < absacc. h>
# define P1A8255 XBYTE[0xE000]        //A 口地址
# define P1B8255 XBYTE[0xE001]        //B 口地址
# define P1C8255 XBYTE[0xE002]        //C 口地址
# define P1COM8255 XBYTE[0xE003]      //控制口地址

void vDelay(unsigned int uiT )
{
    while(uiT -- ) ;
}
void main()
{
    unsigned char ucD;
    P1COM8255 = 0x82;                  //8255A 初始化,方式 0,A 口输出,B 口输入
    while(1)
    {
        ucD = P1B8255;                 //输入 B 口
        P1A8255 = ucD;                 //输出 A
    }
}
```

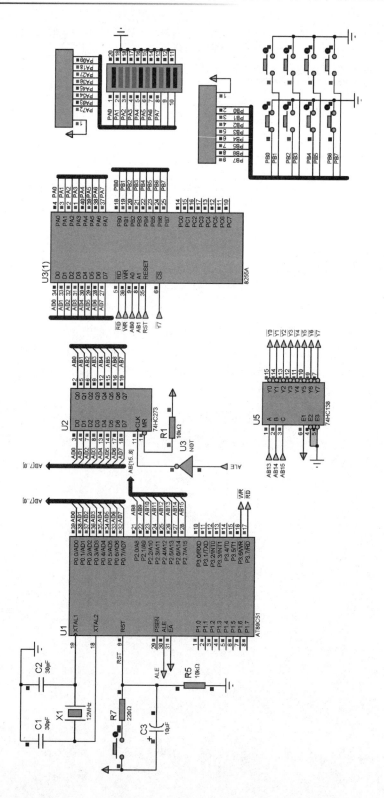

图 16-11　接口电路

习题

1. 可编程并行接口芯片 8255A 的编程命令有哪几个? 简述它们的作用及其命令格式中每位的作用。

2. 编程:8255A 片内 4 个端口地址(A、B、C 口、命令口)分别为 DFFCH~DFFFH。对8255A 初始化编程,并由 A 口输出数据 AAH;由 B 口输入 10 个数到片内 RAM 区;由PC4 位产生一个负脉冲,低电平宽度为 $10\mu s$。

3. 简述 8255A 的工作方式、特点及应用场合。

第 17 章

定时/计数器 8253/8254

17.1 基本特性

可编程通用定时/计数器不占用 CPU 资源,定时准确,不受主机频率和主程序运行影响,在应用系统设计中用于定时、延时、周期采样与控制等。Intel 8253/8254 为常用定时/计数器,其中 8254 是 8253 的改进型,引脚和控制信号相互兼容。

8253/8254 有 3 个独立的 16 位定时/计数通道,每个通道有 6 种工作方式,可按二进制或十进制(BCD 码)计数。

1. 内部结构

内部结构见图 17-1。

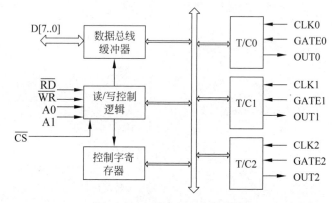

图 17-1　8253/8254 内部结构

1) 数据总线缓冲器

8 位双向三态缓冲器,可直接连接数据总线,是 8253/8254 和 CPU 的数据接口。CPU 通过数据总线缓冲器实现 8253/8254 初始化、传输控制命令字和读取当前计数值。

2) 读/写逻辑

接收来自 CPU 的读写控制信号与地址信号,实现对各定时/计数通道和控制寄存器的读/写控制。

3）控制寄存器

接收来自 CPU 的方式控制字,确定工作方式、计数形式及输出方式等。

4）定时/计数通道

有 3 个定时/计数通道:定时/计数器 0、定时/计数器 1 和定时/计数器 2。每个定时/计数器由 16 位计数初值寄存器和 16 位减 1 计数器组成,在外部计数脉冲作用下,实现减 1 计数,并输出定时/计数到信号。

2. 引脚

8253 引脚见图 17-2。

D0～D7:8 位三态双向输入/输出数据线,与数据总线连接,实现状态/控制命令、计数初值和当前计数值的读写。

$\overline{CS}$:输入,片选信号,低电平有效。

A1、A0:片内端口选择线,连接系统地址总线 A1A0,选择定时/计数通道 0、1、2 和控制端口。

$\overline{RD}$:读控制信号,输入,低电平有效,连接系统 $\overline{RD}$。

$\overline{WR}$:写控制信号,输入,低电平有效,连接系统 $\overline{WR}$。

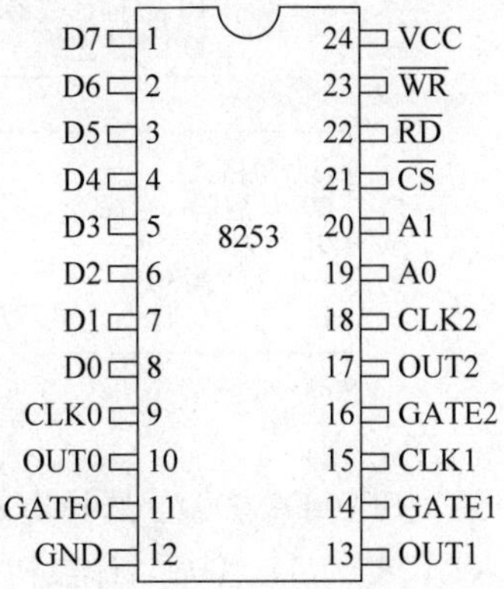

CLK0～CLK2:时钟输入信号,在计数过程中,此引脚上每输入一个时钟信号(下降沿),计数器的计数值减 1。

GATE0～GATE2:门控输入信号,控制计数器开始或停止。

OUT0～OUT2:计数通道定时/计数到输出信号,当一次计数过程结束(计数值减为 0),OUT 引脚上将产生一个输出信号。

图 17-2 8253 引脚

3. 端口编址

利用 A1 和 A0 实现 8253/8254 片内定时/计数通道和控制寄存器寻址,内部端口编址见表 17-1。

表 17-1 8253/8254 内部端口编址

$\overline{CS}$	A1A0	说　明
0	00	定时/计数通道 0
0	01	定时/计数通道 1
0	10	定时/计数通道 2
0	11	控制端口

17.2 方式控制字

8253/8254方式控制字定义见图17-3。

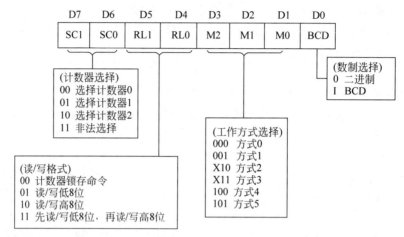

图 17-3 方式控制字

SC1、SC0(D7、D6)：选择定时/计数通道。

RL1、RL0(D5、D4)：计数初值寄存器和当前计数器器读写控制。

M2、M1、M0(D3~D1)：工作方式选择。

BCD(D0)：码制选择。

17.3 工作方式

每个计数通道有6种工作方式可选择，区别在于：①启动计数器进行计数的触发方式；②计数过程中门控信号GATE对计数操作的影响；③计数结束后，OUT的输出波形。

1. 方式0

方式0时序如图17-4所示。

控制字写入控制寄存器使OUT输出端变为低电平。当GATE信号为高电平时，写入计数初值以后，通道开始计数。在计数过程中，OUT信号线维持为低电平，直到定时/计数到0时，OUT输出信号线变为高电平。

方式0为一次计数，当计数到0时，定时/计数器停止，输出保持为高。只有在写入另一个计数值时，OUT变低，开始新的计数。

在计数过程中，可由门控制信号GATE控制暂停。当GATE＝0时，计数暂停；当GATE变高后，继续计数。

在计数过程中可以改变计数值。若是8位计数，则在写入新的计数值后，计数器将按新的计数值重新开始计数。若是 16 位计数,则在写入第一字节后,计数器停止计数,在写入第二字节后,计数器按照新的数值开始计数。

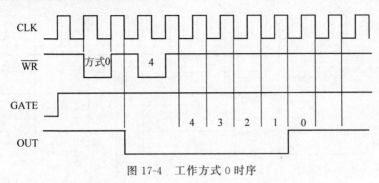

图 17-4 工作方式 0 时序

2. 方式 1

方式 1 时序如图 17-5 所示。

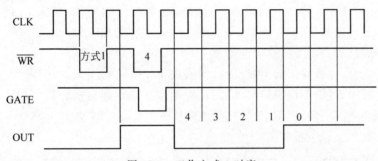

图 17-5 工作方式 1 时序

控制字写入控制寄存器使 OUT 输出端变为高电平。写入计数初值以后,通道不开始计数,而是由 GATE 上升沿触发启动计数,这时 OUT 信号变为低电平,计数器开始工作。当定时/计数到 0 时,OUT 输出高电平。

当计数到 0 时,若用 GATE 上升沿触发,则计数器恢复定时/计数初值重新开始计数。

在计数过程中,若门控制信号 GATE 产生新的触发脉冲,则计数器从初值重新计数。

在计数过程中可以改变计数值,不影响当前计数。新的计数值在当前计数结束后,又出现 GATE 的上升沿触发才按新计数值开始计数。

3. 方式 2

方式 2 时序如图 17-6 所示。

控制字写入控制寄存器后,OUT 输出高电平。写入计数初值以后,若 GATE 为高电平,则开始计数。当定时/计数到 1 时,OUT 输出一个 CLK 周期的负脉冲,同时定时/计数值减到 0,OUT 输出高电平。

当计数到 0 时,计数器恢复定时/计数初值重新开始计数。

在计数过程中,可由门控制信号 GATE 控制停止或重新启动计数。在计数过程中,若

GATE 变为低电平,则停止计数。待 GATE 恢复为高电平,则按设定的计数初值重新开始计数。

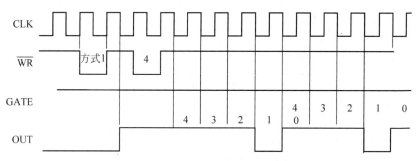

图 17-6　工作方式 2 时序

4. 方式 3

写入控制字写后,OUT 输出低电平,写入计数初值以后,OUT 变为高电平,若 GATE 为高电平,则开始计数。若计数初值 N 为偶数,则前 $N/2$ 过程 OUT 输出高电平,后 $N/2$ 输出低电平。若计数初值 N 为奇数,则前 $(N+1)/2$ 过程 OUT 输出高电平,后 $(N-1)/2$ 输出低电平,见图 17-7。

当计数到 0 时,计数器恢复定时/计数初值重新开始计数。

在计数过程中,可由门控制信号 GATE 控制停止或重新启动计数。在计数过程中,若 GATE 变为低电平,则停止计数,OUT 输出低电平。若 GATE 恢复为高电平,则按计数初值重新开始计数。

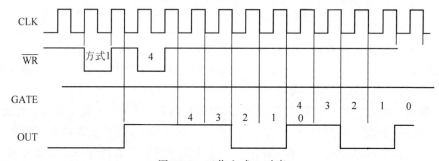

图 17-7　工作方式 3 时序

5. 方式 4

方式 4 时序如图 17-8 所示。

控制字写入后,OUT 输出变为高电平。写入计数初值以后,通道开始计数。当计数到 0 时,OUT 输出一个 CLK 周期的负脉冲,计数器停止。

在计数过程中,可由门控制信号 GATE 控制暂停。当 GATE＝0 时,停止计数。当 GATE 变高后,继续计数从计数初值重新开始计数。

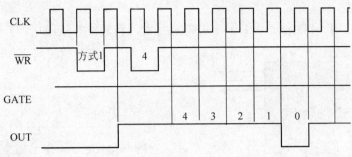

图 17-8　工作方式 4 时序

6. 方式 5

控制字写入后,OUT 输出变为高电平。写入计数初值以后,通道不开始计数,由 GATE 上升沿启动计数,OUT 保持高电平,直到计数到 0 时,OUT 输出一个 CLK 周期的负脉冲,计数器停止,见图 17-9。

在计数过程中,若门控制信号 GATE 发生正跳变,则重新开始新一轮计数。

在计数过程中可以改变计数值,不影响当前计数。只有又出现 GATE 的上升沿触发,才按新计数值开始计数。

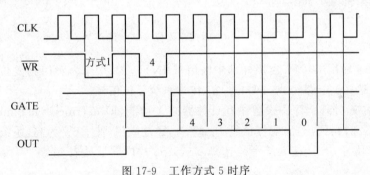

图 17-9　工作方式 5 时序

17.4　看门狗

1. 基本原理

看门狗(Watch Dog)是一种防止计算机系统程序跑飞所采取的保护措施,其核心是一个可由系统 CPU 复位的定时器,其定时间隔预先设定,在整个系统运行过程中固定不变。

主系统程序正常运行时,在小于定时间隔内,主系统输出一信号刷新看门狗定时器,使定时器不断被初始化,看门狗电路无法达到设定时间,则无法输出复位信号。当主程序因出现干扰而跑飞时,主系统不能及时刷新看门狗定时器,使看门狗到达预设定时间隔,输出复位信号,强迫主系统复位,重启主程序运行。

可用定时/计数器 8253/8254 实现软件看门狗。

2. 接口电路

利用 8253 定时/计数通道 0 工作方式 2，设计看门狗复位电路，如图 17-10 所示。

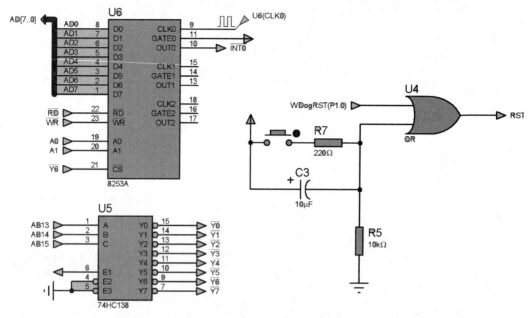

图 17-10 看门狗复位接口电路

8253 通道 0 输出 OUT0 连接外部中断请求 $\overline{INT0}$，P1.0 作为看门狗复位引脚，与系统上电复位和按键复位电路经或门 U4 复合，作为系统复位信号。

在 $\overline{INT0}$ 中断处理程序中设置中断计数器减 1 功能，即 uiTimer＝uiTimer－1，设置看门狗时间间隔。时间到，输出复位信号 P1.0＝1，经过或门，使 RST 为高，系统复位。

8253 片选信号 $\overline{CS}$ 连接系统译码选择 $\overline{Y6}$，8253 片内编址见表 17-2。

表 17-2 8253A 内部端口地址

$\overline{CS}(\overline{Y6})$	A15A14A13	A12～A2	A1	A0	端口地址
0	110	未用	0	0	T/C0：C000H
			0	1	T/C1：C001H
			1	0	T/C2：C002H
			1	1	控制口：C003H

```
//端口定义
#define TC82530 XBYTE[0xC000]
#define TC82531 XBYTE[0xC001]
#define TC82532 XBYTE[0xC002]
#define TC8253COM XBYTE[0xC003]
```

3. 参考程序

设定 8253 定时/计数通道 0 工作方式 2，1ms 定时。CLK0＝1MHz，T0＝1μs，计数初值＝1000，

1ms 定时。

设置全局变量 unsigned int uiTimer＝3000,看门狗最大复位时间间隔 3s(可设定)。在主程序内循环体内,实现喂狗操作,赋值 uiTimer＝3000。

```c
# include "reg51.h"
# include < absacc.h >
# define MDOGRST P1^0
# define TC82530 XBYTE[0xC000]
# define TC82531 XBYTE[0xC001]
# define TC82532 XBYTE[0xC002]
# define TC8253COM XBYTE[0xC003]
unsigned int uiTimer;                //中断计数器
void v8253Init()
{
TC8253COM = 0x34H;                   //T/C0 工作方式 2,循环计数,二进制
TC82530 = 1000 % 256;                //计数初值低 8 位,计数初值 1000,1ms 定时
TC82530 = 1000/256;                  //计数初值高 8 位
}
void vFeedDog()
{
    uiTimer = 3000;
}
void INT0Init()
{
    IP = 0x01;                       //INT0 高优先级
    IE = 0x81;                       //INT0 中断允许,开 CPU 中断
}
void vINT0() interrupt 0 using 1
{
    uiTimer = uiTimer - 1;
    if (uiTimer == 0)
     {
        MDOGRST = 1;                 //产生看门狗复位信号
     }
  }
//////////////////////////////主程序////////
void main()
{
    vINT0Init();
    v8253Init();
    while(1)                         //主循环体
    {
    vFeedDog();                      //喂狗命令
    }
}
```

习题

1. 简述看门狗的工作原理和工作过程。
2. 简述计数、定时与频率、声音及音乐的关系。
3. 计算机系统中延时有哪两种？其特点如何？
4. 简述 8253/8254 的初始化步骤。
5. 利用 8253 设计数字时钟，输出包括"时：分：秒"。

第 18 章

数/模转换器（DAC）

微课视频

数/模转换器（Digital to Analog Converter，DAC）是把 N 位二进制数字信号转换为模拟量的线性电路器件，是数字系统输出通道中的重要环节。DAC 由译码网络、模拟开关、求和运算放大器和基准电压四部分组成。根据不同译码网络，将 DAC 分为权电阻型、T 形电阻网络型和权电流型 3 类。

18.1 DAC 技术参数与连接特性

技术参数与连接特性是 DAC 选型及接口设计的重要依据。

18.1.1 技术参数

评价 DAC 性能的技术参数包括分辨率、转换时间、转换精度和线性度。

1. 分辨率

DAC 能够转换的二进制数的位数，决定 DAC 能够分辨的最小电压。

8 位 DAC 转换器满量程转换电压为 $0\sim5V$，则分辨率为 $5V/2^8=20mV$，即最小分辨电压为 20mV。10 位 DAC 转换器，满量程转换电压为 $0\sim5V$，则分辨率为 $5V/2^{10}=5mV$，即最小分辨电压为 5mV。

2. 转换时间

从数字量输入到完成转换并输出稳定电压所需的全部时间。电流型 DAC 转换较快，一般在几百纳秒到几微秒。电压型 DAC 较慢，取决于运算放大器的响应时间。

3. 转换精度

DAC 实际输出电压与理论输出电压之间的误差，采用数字量最低有效位 LSB 作为衡量单位。

4. 线性度

DAC 输出模拟量与数字量按比例变化的程度，即输入数字量与输出模拟量之间的线性关系程度。理想 DAC 是线性的，输入数字量和输出模拟量满足严格线性关系。实际输出模拟量与理想输出模拟量之间的最大偏差称为 DAC 线性误差。

18.1.2 连接特性

连接特性描述 DAC 和 CPU 连接的能力和特点。

1. 输入缓冲能力

输入缓冲能力是指 DAC 是否带有三态缓冲器或锁存器来保存输入数字量。只有带有三态锁存器的 DAC，其数据线才能和系统数据总线直接相连，否则不能直接连接，在接口设计时需要外加三态缓冲器。

2. 分辨率

DAC 输入数字量二进制位数（宽度）称为 DAC 分辨率，有 8 位、10 位、12 位、14 位、16 位等，决定 DAC 转换精度。当 DAC 分辨率高于系统数据总线宽度时，需分 2 次输入数字量。

3. 输入码制

DAC 可接收不同码制的数字量输入，包括二进制、BCD 码等。

4. 输出类型

根据 DAC 输出模拟量是电流或电压，将 DAC 分为电流型和电压型。若需要将电流型输出转化为电压型输出，则采用运算放大器进行转换。

5. 输出极性

根据 DAC 输出模拟量极性，将 DAC 分为单极性和双极性。

18.2 DAC0832

DAC0832 为 8 位电流型 DAC，具有双缓冲、单缓冲和直通 3 种工作方式。

18.2.1 基本特性

1. 基本特性

DAC0832 具有如下特性：

① 片内两级数据锁存，可编程实现双缓冲、单缓冲和直通 3 种输入方式。

② 8 位并行数字量输入，TTL 兼容，可与微处理器直接连接。

③ 低功耗 20mW，单电源 +5V～+15V 供电。

2. 逻辑结构

DAC0832 有两级锁存器，第一级为 8 位输入寄存器，用 ILE 信号、$\overline{CS}$ 信号和 $\overline{WR1}$ 控制，见图 18-1。第二级为 8 位 DAC 寄存器，用 $\overline{WR2}$ 和 $\overline{XFER}$ 控制，两级缓冲器可单独控制。

3. 引脚

DAC0832 封装及引脚如图 18-2 所示。

引脚定义如下。

DI0～DI7：8 位数字输入，TTL 电平，可与系统数据总线直接连接。

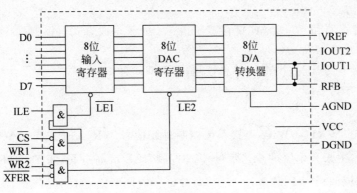

图 18-1 逻辑结构

ILE：输入寄存器允许信号,高电平有效。

$\overline{CS}$：片选信号,低电平有效。

$\overline{WR1}$：写信号 1,低电平有效,输入寄存器写信号。

$\overline{WR2}$：写信号 2,低电平有效,DAC 寄存器写信号,启动转换。

$\overline{XFER}$：数据传送控制信号,低电平有效。当 $\overline{WR2}$ 与 $\overline{XFER}$ 同时有效时,输入寄存器数据被装入 DAC 寄存器。

VCC：芯片电源,+5V～+15V。

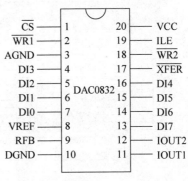

图 18-2 DAC0832 封装及引脚

AGND：模拟信号地。

DGND：数字信号地。

VREF：基准电压输入,可在−10V～+10V 选定。

RFB：反馈信号输入端。

IOUT1：D/A 转换器的输出电流 1,当输入数字全为 1 时,达到最大值。当全为 0 时,达到最小值。

IOUT2：D/A 转换器的输出电流 2,与 IOUT1 有如下关系,IOUT1+IOUT2= 常数。

18.2.2 工作方式及接口

1. 工作方式

DAC0832 两级缓冲器由 5 个控制信号(ILE、$\overline{CS}$、$\overline{WR1}$、$\overline{WR2}$ 和 $\overline{XFER}$)控制,可实现 3 种工作方式:

1) 直通方式

ILE=1,$\overline{CS}$=0,$\overline{WR1}$=0,$\overline{WR2}$=0,$\overline{XFER}$=0,5 个控制端均始终有效,则写入数字量时,直接启动 D/A 转换。

2）单缓冲方式

8 位输入寄存器和 8 位 DAC 寄存器任意一个处于直通方式，另一个处于受控方式。

3）双缓冲方式

两级锁存器均处于受控方式，单独控制，实现双缓冲。

2. 单缓冲方式接口

1）接口电路

DAC0832 的 $\overline{WR1}$ 与 $\overline{WR2}$ 连接系统控制总线信号 $\overline{WR}$，$\overline{XFER}$ 与 DAC0832 片选信号 $\overline{CS}$ 连接在一起，由来自系统的片选信号 $\overline{Y12}$ 控制，ILE 接高电平，将 DAC0832 输入寄存器和 DAC 寄存器同时由 $\overline{WR}$ 和 $\overline{Y12}$ 控制，两个寄存器同时选通，同时截止，实现单缓冲工作方式，见图 18-3。

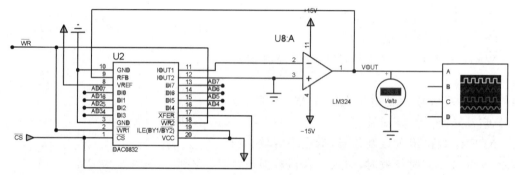

图 18-3 单缓冲方式接口电路

端口地址与控制命令见表 18-1。

表 18-1 端口地址与控制命令

$\overline{CS}$	A15A14A13A12	A11～A0	工作状态
$\overline{Y12}$	1100	0..0	与系统总线连接
0	1100	0..0	C000H

端口定义：

```
#define DAC0832 XBYTE[0xC000]; // Y12 = 0
```

控制命令：

```
DAC0832 = ucData; //送出数字量 ucData 并启动转化
```

2）参考程序

按键控制输出锯齿波、梯形波、三角波的仿真电路见图 18-4，用直流电压表和示波器观察输出。

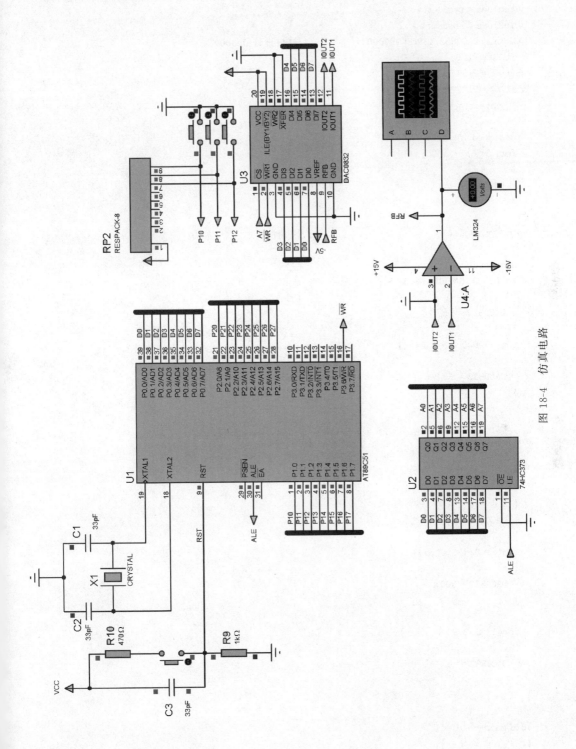

图 18-4 仿真电路

```c
#include <reg51.h>
#include <absacc.h>
#define DAC0832 XBYTE[0x0000]          //端口地址 0x0000
sbit K0 = P1^0;
sbit K1 = P1^1;
sbit K2 = P1^2;
void vStair()                          //锯齿波
{
  unsigned int i;
  for(i = 0;i < 1000;i++)
  {
    DAC0832 = i;
  }
}
void vTriangle()                       //三角波
{
  unsigned int i;
  for(i = 0;i < 500;i++)
  {
    DAC0832 = i;
  }
  for(i = 500;i > 0;i-- )
  {
    DAC0832 = i;
  }
}

void vTrape()                          //梯形波
{
  unsigned int i;
  for(i = 0;i < 500;i++)
  {
    DAC0832 = i;
  }
  for(i = 0;i < 500;i++)
  {
    DAC0832 = 500;
  }

  for(i = 500;i > 0;i-- )
  {
    DAC0832 = i;
  }
}

void main(void)
{
```

```
    while(1)
    {
        if(K0 == 0)
        {
            P2 = 0x01;vStair();
        }
        else if(K1 == 0)
        {
            P2 = 0x02;vTriangle();
        }
        else if(K2 == 0)
        {
            P2 = 0x03;vTrape();
        }
    }
}
```

3. 双缓冲方式接口

1) 接口电路

将 DAC0832 输入寄存器的锁存信号和 DAC 寄存器的锁存信号分开单独控制,即形成双缓冲工作方式,适用于多个模拟量需要同步输出的系统,如示波器、扫描仪的 X 轴与 Y 轴电机驱动控制等。

采用双缓冲方式,实现 2 路模拟量同步输出,接口电路见图 18-5。两片 DAC0832 的输入寄存器各占一个端口地址。两个 DAC 寄存器的锁存信号 $\overline{XFER}$ 连接在一起,共用一个端口地址,共需要 3 个端口地址。地址总线 A15A14A13A12 与地址译码器 74HC154 产生 15 个片选信号 $\overline{Y15}\sim\overline{Y0}$。$\overline{Y15}$ 连接 1♯DAC0832 的 $\overline{CS}$,作为 1♯DAC0832 的输入寄存器选通信号,$\overline{Y14}$ 连接 2♯DAC0832 的 $\overline{CS}$,作为 2♯DAC0832 的输入寄存器选通信号,1♯和 2♯DAC0832 的 $\overline{XFER}$ 共同连接 $\overline{Y13}$,作为 1♯和 2♯DAC0832 的共同启动信号,实现 1♯和 2♯DAC0832 的同步输出。

端口地址及控制命令见表 18-2。

表 18-2 端口地址与控制命令

$\overline{CS}$	A15A14A13A12	工作状态
$\overline{Y15}\to\overline{CS}$(1♯)	1111	F000H:1♯DAC0832 输入寄存器
$\overline{Y14}\to\overline{CS}$(2♯)	1110	E000H:2♯DAC0832 输入寄存器
$\overline{Y13}\to\overline{XFER}$(1♯&2♯)	1101	D000H:1♯和 2♯DAC 寄存器及启动

端口定义:

```
#define DAC083201   XBYTE[0xF000]    // Y15,1♯DAC0832 输入寄存器
#define DAC083202   XBYTE[0xE000]    // Y14,2♯DAC0832 输入寄存器
#define DACST   XBYTE[0xD000]        // Y13,DAC 寄存器及启动
```

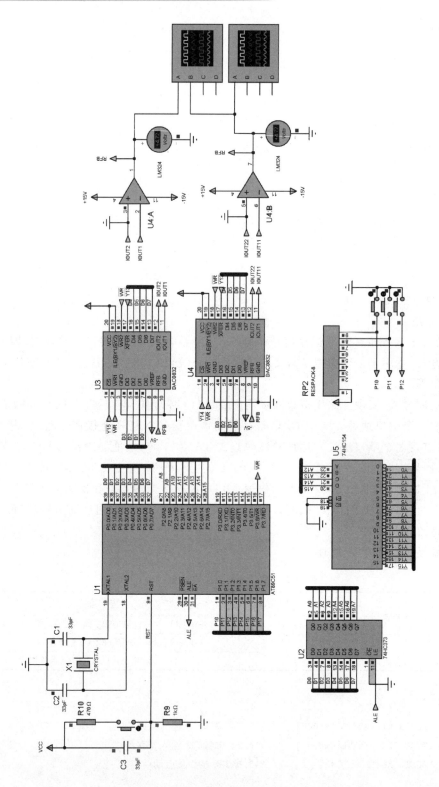

图 18-5　2 路模拟量同步输出接口电路

控制命令：

```
DAC083201 = ucData;          //写入 1♯DAC0832 输入寄存器
DAC083202 = ucData;          //写入 2♯DAC0832 输入寄存器
DACST = 0X00;                //启动转换
```

转换操作过程：

① 把两路待转换数据分别写入 2 片 DAC0832 的输入寄存器。

② 同时将数据输出至 DAC 寄存器，并启动转换。

仿真结果见图 18-6。

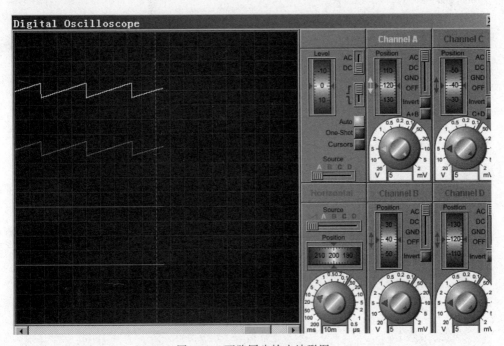

图 18-6　两路同步输出波形图

2) 参考程序

```
# include < reg51.h >
# include < absacc.h >
# define DAC083201 XBYTE[0xF000]    //端口地址 0xf000,Y15
# define DAC083202 XBYTE[0xE000]    //端口地址 0xe000,Y14
# define DACST XBYTE[0xD000]        //端口地址 0xd000,Y13,启动转换
sbit K0 = P1^0;
sbit K1 = P1^1;
sbit K2 = P1^2;

void vStair()
{
```

```c
  unsigned int i;
  for(i = 0;i < 1000;i++)
  {
    DAC083201 = i % 256;          //送数据给 1# DAC0832
    DAC083202 = i % 256;          //送数据给 2# DAC0832
    DACST = 0;                    //启动转换
  }
}
void vTriangle()
{
  unsigned int i;
  for(i = 0;i < 500;i++)
  {
    DAC083201 = i % 256;          //送数据给 1# DAC0832
    DAC083202 = i % 256;          //送数据给 2# DAC0832
    DACST = 0;                    //启动转换
  }
  for(i = 500;i > 0;i-- )
  {
    DAC083201 = i % 256;          //送数据给 1# DAC0832
    DAC083202 = i % 256;          //送数据给 2# DAC0832
    DACST = 0;                    //启动转换
  }
}

void vTrape()
{
  unsigned int i;
  for(i = 0;i < 500;i++)
  {
    DAC083201 = i % 256;          //送数据给 1# DAC0532
    DAC083202 = i % 256;          //送数据给 2# DAC0532
    DACST = 0;                    //启动转换
  }
  for(i = 0;i < 500;i++)
  {
    DAC083201 = i % 256;          //送数据给 1# DAC0532
    DAC083202 = i % 256;          //送数据给 2# DAC0532
    DACST = 0;                    //启动转换
  }

  for(i = 500;i > 0;i-- )
  {
    DAC083201 = i % 256;          //送数据给 1# DAC0532
    DAC083202 = i % 256;          //送数据给 2# DAC0532
    DACST = 0;                    //启动转换
  }
```

```
}

void main(void)
{
    while(1)
    {
        if(K0 == 0)
          {
            vStair();
          }
        else if(K1 == 0)
          {
            vTriangle();
          }
        else if(K2 == 0)
          {
            vTrape();
          }
    }
}
```

18.3　AD7521(分辨率：12位)

AD7521为12位DAC,不兼容系统总线。

18.3.1　基本特性

AD7521片内无数据锁存器,不能直接连接在系统数据总线上,需要增加一个数据锁存器,才能与系统数据总线连接。AD7521封装及引脚见图18-7。

引脚定义及功能如下。

B1~B12:12位数字输入。

RFB:反馈输入。

VDD:电源+。

VREF:参考电压输入。

IOUT1/IOUT2:电流输出端。

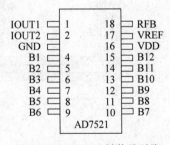

图18-7　AD7521封装及引脚

18.3.2　接口设计

1. 接口电路

AD7521接口电路如图18-8所示。

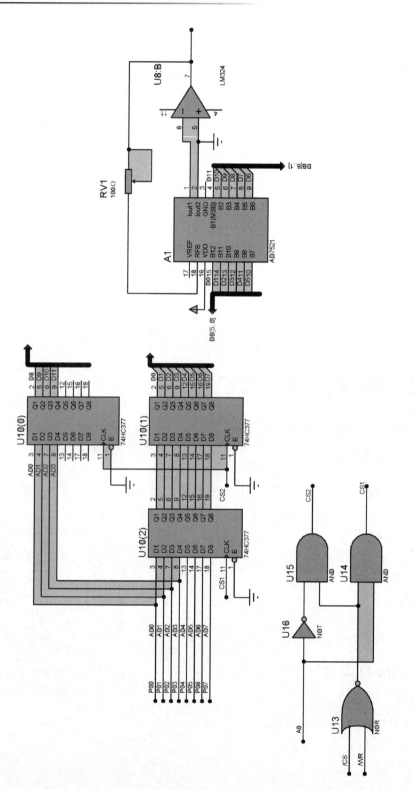

图 18-8　AD7521 接口电路

　　AD7521 没有内部数据锁存器,所以设计 3 片 8D 锁存器 74HC377 锁存 12 位数据。其中 U10(2) 和 U10(1) 为低 8 位锁存器,实现双缓冲寄存器,U10(0) 为 4 位锁存器。输出数据时,先输出低 8 位数据到第一级锁存器 U10(2),然后输出高 4 位数据到 U10(0),同时,把低 8 位数据输入第二级锁存器 U10(1),使 12 位数据同时开始转换。

　　用地址线 A0,产生 2 个端口地址。取系统片选信号 $\overline{Y13}$ 为片选信号,端口地址见表 18-3。

表 18-3　端口地址

$\overline{CS}(\overline{Y13})$	A15A14A13A12	A0	工作状态
0	1101	0	D000H:高 4 位锁存器及启动转换
		1	D00H1:低 8 位锁存器

端口定义:

```
＃define AD7521L  XBYTE[0xd001];    //低 8 位锁存器
＃define AD7521H  XBYTE[0xd000];    //高 4 位锁存器,启动转换
```

操作命令:

```
AD7521L = ucDataL;                  //送低 8 位
AD7521H = ucDataH;                  //送高 48 位,启动转换
```

2. 参考程序

输出梯形波信号参考程序如下。

```
＃include < reg51.h>
＃include < absacc.h>
＃define AD7521L XBYTE[0xd001];     //低 8 位锁存器
＃define AD7521H XBYTE[0xd000];     //高 4 位锁存器,启动转换
void vTrapeWave()
{
  unsigned char i;
  for(i = 0;i < 0x0fff;i++)
{
  AD7521L = i % 256; AD7521H = i/256;
  vDelay(10);
}
}
```

18.4　模拟量同步输出接口

　　功能:实现 6 路模拟量同步输出,可应用于扫描仪(2 路)、显示器的 $X\text{-}Y$ 轴同步扫描(2 路)、绘图仪 $X\text{-}Y$ 坐标的同步移动(2 路)、六旋翼无人机(6 路)、智能机器人等场合。

1. 接口电路

6 路模拟量同步输出接口由 6 片 DAC0832 和 1 片 74HC138 译码器构成，6 片 DAC0832 的输入寄存器各需要一个端口地址，以写入需转换数据。6 片 DAC0832 的 DAC 寄存器锁存信号 $\overline{XFER}$ 连在一起，用同一个端口地址，同步启动转换，接口电路见图 18-9。端口地址分配见表 18-4。

表 18-4 端口地址分配

$\overline{CS}(\overline{Y13})$	A15A14A13A12	A2A1A0	端口地址
0	1101	000	D000H：0♯输入寄存器
		001	D001H：1♯输入寄存器
		010	D002H：2♯输入寄存器
		011	D003H：3♯输入寄存器
		100	D004H：4♯输入寄存器
		101	D005H：5♯输入寄存器
		111	启动转换

端口定义：

```
#define DAC083200INr   XBYTE[0xD000]    // Y13,0♯DAC0832 输入寄存器
#define DAC083201INr   XBYTE[0xD001]    // Y13,1♯DAC0832 输入寄存器
#define DAC083202INr   XBYTE[0xD002]    // Y13,2♯DAC0832 输入寄存器
#define DAC083203INr   XBYTE[0xD003]    // Y13,3♯DAC0832 输入寄存器
#define DAC083204INr   XBYTE[0xD004]    // Y13,4♯DAC0832 输入寄存器
#define DAC083205INr   XBYTE[0xD005]    // Y13,5♯DAC0832 输入寄存器
#define DAC0832DAC     XBYTE[0xD007]    // Y13,DAC 寄存器及启动转换
```

控制命令：

```
DAC083200INr = ucData0;        //写入 0♯DAC0832 输入寄存器
DAC083201INr = ucData1;        //写入 1♯DAC0832 输入寄存器
DAC083202INr = ucData2;        //写入 2♯DAC0832 输入寄存器
DAC083203INr = ucData3;        //写入 3♯DAC0832 输入寄存器
DAC083204INr = ucData4;        //写入 4♯DAC0832 输入寄存器
DAC083205INr = ucData5;        //写入 5♯DAC0832 输入寄存器
DAC0832DAC = 0X00;             //启动转换
```

转换操作过程：

① 把 6 个待转换数据分别写入 6 片 DAC0832 的输入寄存器。

② 同时将数据输出至 DAC 寄存器，并启动转换。

2. 参考程序

```
#include <reg51.h>
#include <absacc.h>
#define DAC083200INr XBYTE[0xD000]    // Y13,0♯DAC0832 输入寄存器
```

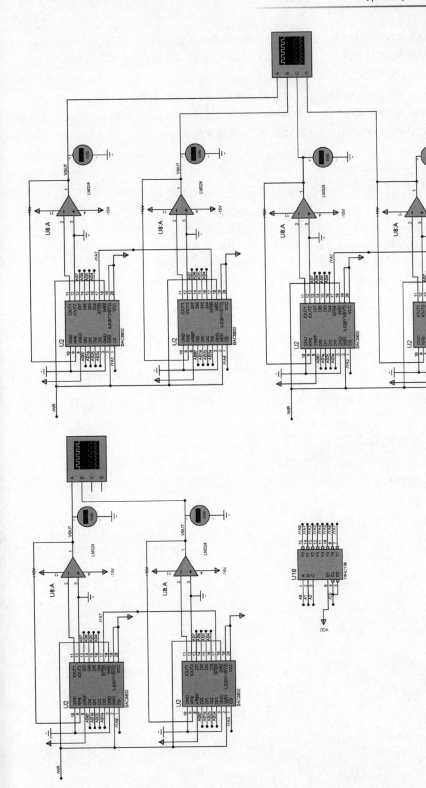

图 18-9　6 路模拟量同步输出接口电路

```
# define DAC083201INr XBYTE[0xD001]          // Y̅1̅3̅,1 ♯ DAC0832 输入寄存器
# define DAC083202INr XBYTE[0xD002]          // Y̅1̅3̅,2 ♯ DAC0832 输入寄存器
# define DAC083203INr XBYTE[0xD003]          // Y̅1̅3̅,3 ♯ DAC0832 输入寄存器
# define DAC083204INr XBYTE[0xD004]          // Y̅1̅3̅,4 ♯ DAC0832 输入寄存器
# define DAC083205INr XBYTE[0xD005]          // Y̅1̅3̅,5 ♯ DAC0832 输入寄存器
# define DAC0832DAC XBYTE[0xD007]            // Y̅1̅3̅,DAC 寄存器及启动转换
unsigned char ucData[6];
void vDAC6()
{
    DAC083200INr = ucData[0];                //写入 0 ♯ DAC0832 输入寄存器
    DAC083201INr = ucData[1];                //写入 1 ♯ DAC0832 输入寄存器
    DAC083202INr = ucData[2];                //写入 2 ♯ DAC0832 输入寄存器
    DAC083203INr = ucData[3];                //写入 3 ♯ DAC0832 输入寄存器
    DAC083204INr = ucData[4];                //写入 4 ♯ DAC0832 输入寄存器
    DAC083205INr = ucData[5];                //写入 5 ♯ DAC0832 输入寄存器
    DAC0832DAC = 0X00;                       //启动转换
}
```

习题

1. DAC 分辨率和系统数据总线宽度相同或高于系统数据总线宽度时,其连接与读写方法有何不同？

2. DAC 接口的基本功能是什么？

3. 评价 DAC 性能的技术参数包括哪些？

4. 简述 DAC 的连接特性。

## 第 19 章

模/数转换器(ADC)

微课视频

模/数转换器(Analog to Digital Converter, ADC)是把模拟量转换为 N 位二进制数字量的线性转换器件,是数字系统输入通道中的重要环节,由采样、保持、量化和编码等部分组成。

19.1 ADC 技术参数及连接特性

技术参数与连接特性是 ADC 选型及接口设计的重要依据。

19.1.1 技术参数

评价 ADC 性能的技术参数包括分辨率、转换时间、量化误差、转换量程等。

1. 分辨率

ADC 将模拟量转换成数字量的二进制数位数,决定了 ADC 能够分辨的最小电压。8 位 A/D 转换器,满量程转换电压为 0~5V,分辨率为 $5V/2^8 = 20mV$,即最小分辨电压为 20mV。10 位 A/D 转换器,满量程转换电压为 0~5V,分辨率为 $5V/2^{10} = 5mV$,即最小分辨电压为 5mV。

2. 转换时间

从模拟量输入到完成转换并输出稳定数字量所需的全部时间。

3. 量化误差

ADC 实际输出数字量与理论值之间的误差。采用数字量的最低有效位 LSB 作为衡量单位。

4. 线性度

输入模拟量与输出数字量之间的线性关系程度。理想 A/D 转换器是线性的,输出的数字量和输入的模拟量满足严格的线性关系。实际输出的数字量与理想输出数字量之间的最大偏差称为 ADC 的线性误差。

5. 转换量程

ADC 能够转换的电压范围,如 0~5V,或 −10V~+10V。

19.1.2 ADC 输入/输出信号

ADC 接口利用启动转换、转换结束、模拟信号输入、数字量输出等基本 I/O 信号,完成 A/D 转换和数据传输。

1．模拟信号输入

模拟信号输入来自被转换对象,有单通道输入和多通道输入,多通道输入需要有通道选择地址线。

2．数字量输出

ADC 将转换的数字量传输给 CPU。数据线位数决定 ADC 的分辨率。

3．启动转换

来自 CPU 的控制信号,启动 ADC 开始 A/D 转换。

4．转换结束

当 ADC 完成 A/D 转换后发出此信号,供 CPU 查询或产生中断申请。

19.2 ADC0809（分辨率：8 位）

ADC0809 为 8 位逐次逼近 ADC,数字量输出带三态锁存。

19.2.1 基本特性及引脚

1．基本特性

ADC0809 可直接和系统数据总线连接,基本特性:

- 8 位分辨率。
- 转换时间: $100\mu s$。
- 片内具有 8 路带锁存控制选择开关。
- 输出具有三态缓冲器控制。
- 单一 5V 供电,模拟量输入范围为 0~5V。
- 输出与 TTL 兼容发。
- 工作温度: $-40\sim85℃$。

2．逻辑结构

ADC0809 逻辑结构见图 19-1。

模拟输入部分有 8 路切换开关,由 3 位地址输入 ADDA、ADDB、ADDC 组合选择,见图 19-2。采用逐次逼近式 A/D 转换电路,由 CLOCK 信号控制内部电路工作,由 START 信号控制转换开始。转换后的数字信号在内部锁存,通过三态缓冲器连接至输出端。

3．引脚定义及功能

ADC0809 封装及引脚见图 19-2。各引脚定义如下。

IN7~IN0: 8 路模拟量输入。

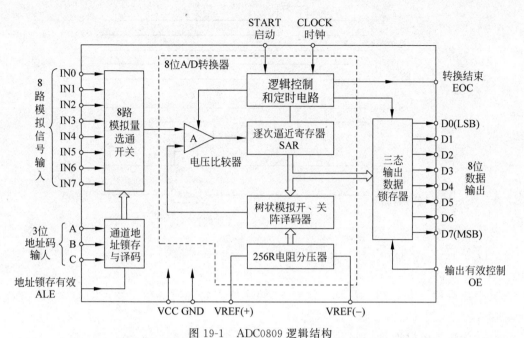

图 19-1　ADC0809 逻辑结构

START：启动转换，脉冲启动。

EOC：转换结束，高电平有效。

CLOCK：外部时钟脉冲输入。

ALE：通道地址锁存。

ADDA、ADDB、ADDC：通道选择地址线。

OE：输出使能。

VREF(＋)、VREF(－)：参考电压输入。

VCC、GND：电源、地。

START 为启动命令，高电平有效。由它启动 ADC0809 内部的 A/D 转换过程。当转换完成，输出信号 EOC 有效。OE 为输出允许信号，高电平有效。

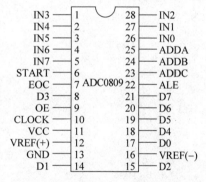

图 19-2　ADC0809 封装及引脚

ADC0809 时序见图 19-3。当模拟量送到某一输入端后，由三位地址信号来选择，地址信号由地址锁存允许 ALE 锁存，启动命令 START 启动转换。转换完成 EOC 输出一个脉冲，输出允许信号 OE，打开三态缓冲器把转换结果送数据总线，一次 A/D 转换程完成。

19.2.2　接口电路及参考程序

1. 接口电路

ADC0809 接口电路见图 19-4。

ADDC、ADDB、ADDA 直接接地，选通通道 IN0。

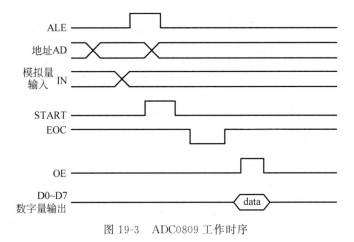

图 19-3　ADC0809 工作时序

ADC0809 的启动信号 START 连接 P2.5，输出使能信号 OE 连接 P2.7，EOC 连接 P2.6，CPU 查询转换是否结束。

转换结果用 2 位 LED 显示，ADC0809 转换所需要的时钟信号由时钟信号发生提供（5000Hz）。

利用连接在 IN0 的滑动变阻器可调节输入电压。

2. 参考程序

从 ADC0809 的 0 通道采集数据并显示。

```c
# include < AT89X52.h>
# include < absacc.h>
sbit EOC = P2^6;
sbit ST = P2^5;
sbit OE = P2^7;
unsigned char vADC0809()
{
    unsigned char ucD;
    ST = 0;ST = 1;ST = 0;              //启动转换
    while(!EOC);                      //等待转换结束
    OE = 1;                          //输出使能
    P1 = 0xff;
    ucD = P1;                        //读数据
    return ucD;
}

void main(void)
{
    unsigned char ucD;
    while(1)
    {
      ucD = vADC0809();              //显示转换数据
      P3 = ucD;
      vDelay(1000);
    }
}
```

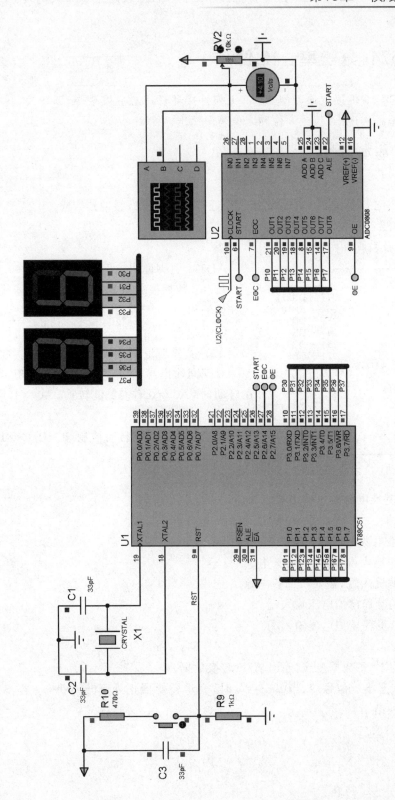

图 19-4　ADC0809 接口电路

19.3   AD574（分辨率：12 位）

AD574 是快速 12 位逐次逼近型 ADC，无须外接器件可独立实现 A/D 转换，转换时间为 $15\sim35\mu s$，可编程实现 12 位或 8 位和 4 位两次输出。

19.3.1   基本特性

1. 基本特性

AD574 由 12 位 D/A 芯片 AD565、逐次逼近寄存器和三态缓冲器构成。

2. 引脚及功能

AD574 封装及引脚如图 19-5 所示。

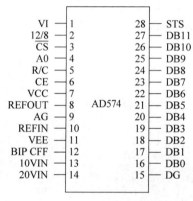

图 19-5   AD574 封装及引脚

AD574 引脚说明如下。

12/8：数据模式选择端，可选择数据线 12 位或 8 位输出。

$\overline{CS}$：片选。

A0：字节地址短周期控制端。在读数据时，A0＝0 期间输出高 8 位，A0＝1 期间输出低 4 位。在启动时，A0＝0 作 12 位转换，A0＝1 作 8 位转换。

R/C：读或转换启动控制端。R/C＝1，读选通。R/C＝0，启动转换。

CE：使能端。

REFOUT：基准电源电压输出端。

AG：模拟地端。

REFIN：基准电源电压输入端。

VEE：负电源输入端，输入－15V 电源。

VCC：正电源输入端，输入＋15V 电源。

10VIN：10V 量程模拟电压输入端。

20VIN：20V 量程模拟电压输入端。

DG：数字地端。

DB0～DB11：12 条数据总线，输出 A/D 转换数据。

STS：工作状态指示信号端，当 STS＝1 时，表示转换器正处于转换状态；当 STS＝0 时，表示 A/D 转换结束。

控制命令见表 19-1。

表 19-1 AD574 控制命令

CE	$\overline{\text{CS}}$	R/C	12/8	A0	工作状态
0	×	×	×	×	禁止
×	1	×	×	×	禁止
1	0	0	×	0	启动 12 位转换
1	0	0	×	1	启动 8 位转换
1	0	1	VCC	×	12 位并行输出有效
1	0	1	GND	0	高 8 位数并行输出有效
1	0	1	GND	1	低 4 位

AD574 为单通道模拟量输入,输入范围包括:0~10V,0~20V,−5~+5V,−10~+10V。

19.3.2 接口及程序

1. 接口电路

AD574 接口电路见图 19-6。AD574 数据输出带三态控制,可以直接连接在数据总线上。$\overline{\text{CS}}$ 连接系统片选信号 $\overline{\text{Y11}}$,R/C、A0 分别引脚连接系统地址总线 A0、A1。12/8 引脚接地,12 位分 2 次读,P3.0 作忙状态检测位。

端口地址及控制命令见表 19-2。

表 19-2 端口地址及控制命令

$\overline{\text{CS}}$	A15A14A13A12	A0	R/C	工作状态
$\overline{\text{Y11}}$	1011	A1	A0	与系统总线连接
		0	0	B000H:启动 12 位转换
0	1011	0	1	B001H:高 8 位并行输出
		1	1	B003H:低 4 位并行输出

端口地址及控制命令定义:

```
#define START XBYTE[B000H]        //启动 12 位转换
#define ADH   XBYTE[B001H]        //高 8 位并行输出
#define ADL   XBYTE[B003H]        //低 4 位并行输出
sbit ADCBusy = P3^0;
```

2. 参考程序

```
#include <reg51.h>
#include <absacc.>
#define START XBYTE[B000H]        //启动 12 位转换
#define ADH XBYTE[B001H]          //高 8 位并行输出
#define ADL XBYTE[B003H]          //低 4 位并行输出
sbit ADCBusy = P3^0;             //EOC
unsigned int AD574()
```

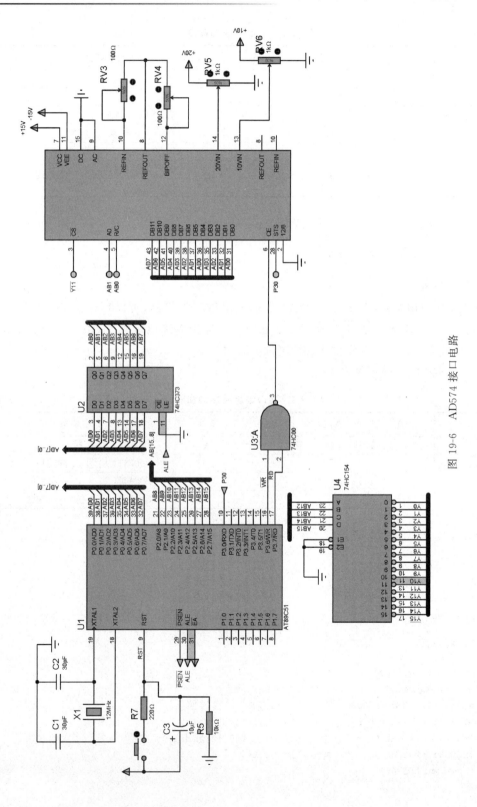

图 19-6 AD574 接口电路

```
{
    unsigned int uiData;
    START = 0x00;                              //启动转换
    while(ADCBusy);                            //ADCBusy = 0,转换结束
    uiData = (unsigned int )(ADH << 4);        //读高 8 位,并左移 4 位
    uiData = uiData|(ADL&0x0f);                //读低 4 位,合并成 12 位数据
    return uiData;
}
//主程序
void main()
{
    unsigned int uiData;
    uiData = AD574();                          //启动 AD574,得到转换数据.
}
```

习题

1. ADC 分辨率和系统数据总线宽度相同或高于系统数据总线宽度时,其连接与读写方法有何不同?

2. 简述 ADC 的连接特性。

3. 评价 ADC 性能的技术参数包括哪些?

4. ADC 接口的基本功能是什么?

第 20 章

IIC 总线

IIC(Inter IC)总线是 Philips 公司推出的芯片间双线、双向、串行、同步传输总线,可方便地实现外围器件扩展。

MCS-51 本身不提供 IIC 总线接口,可利用 2 条通用 I/O 线实现 IIC 总线扩展,以连接 IIC 总线标准的 ROM、RAM、I/O 接口芯片、A/D 转换器、D/A 转换器、键盘及 LCD/LED 显示器等器件。

20.1 IIC 总线规约

1. 基本特性

IIC 总线提供了利用 2 条 I/O 线扩展外围设备的方法,对于 I/O 线资源较为紧张的嵌入式系统设计极为有利,IIC 总线应用结构见图 20-1。其基本特性如下:

- 采用两线制,为同步传输总线。
- 采用硬件地址方式,标识连接到 IIC 总线上的器件。总线上所有器件将数据线 SDA 和时钟线 SCL 同名相连,所有节点由器件引脚给定地址,作为器件在总线上的唯一标识。
- IIC 总线接口为开漏或开集电极输出,需接上拉电阻。
- 标准 IIC 模式下,数据传输速率 100kb/s,高速模式下 400kb/s。
- 支持 IIC RAM、EEPROM、A/D、D/A、I/O 接口、显示驱动器等。

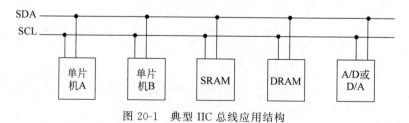

图 20-1 典型 IIC 总线应用结构

2. 通信规约

采用主从方式进行双向通信。总线由主器件控制,主器件产生串行时钟 SCL,控制传输方向,并产生开始和停止信号。

无论主从器件,接收 1 字节后,发出一个应答信号 ACK。

数据线 SDA 和时钟线 SCL 为双向传输线。

总线处于侦听状态时,SDA 和 SCL 保持高电平。关闭 IIC 总线时,使 SCL 低电平。

IIC 总线传输数据时,在时钟线高电平期间,数据线必须保持稳定的逻辑电平,高电平为数据 1,低电平为数据 0。只有在时钟线为低电平时,才允许数据线上的电平状态发生改变。

20.2　AT24C02EEPROM

AT24CXX 系列 EEPROM 是典型的 IIC 总线接口器件。

20.2.1　基本信号

1. 基本特性

AT24C01/02/04/08 /16 内部含有 128/256/512/1024/2048 字节。

AT24C01 有一个 8 字节页写缓冲器,AT24C02/04/08/16 有一个 16 字节页写缓冲器,器件通过 IIC 总线接口进行操作,有专门的写保护功能。单电源供电(+1.8～+5.5V),硬件写保护,低功耗 CMOS,页面写周期 2ms。

AT24C02 封装及引脚如图 20-2 所示。

引脚说明如下。

SCL:串行时钟引脚。

SDA:串行数据。

WP:写保护。WP=0 时,可读可写;WP=1 时,只读。

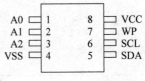

图 20-2　AT24C02 封装及引脚

A2～A0:器件地址设定。

利用地址输入端 A2 A1 和 A0,可以实现将最多 8 个 24C01 和 24C02、4 个 242C04、2 个 24C08 和 1 个 24C16 器件连接到 IIC 总线上。

SDA 和 SCL 为漏极开路输出,需接上拉电阻,输入引脚内接有滤波器,可有效抑制噪声。

采用主从双向通信,单片机为主器件,AT24C 为从器件。

2. 基本信号

IIC 规定了严格的数据传输基本信号和控制字节格式,实现发送器、接收器的联络和数据传输。

在时钟线保持高电平期间,数据线出现由高到低的变化,作为起始信号 S,启动 IIC 工作。在时钟线保持高电平期间,数据线出现由低到高的变化,作为停止信号 P,终止 IIC 总线数据传输。基本信息时序如图 20-3 所示。

起始信号 S：处于任何其他命令之前。当 SCL 处于高电平时，SDA 从高到低的跳变。

停止信号 P：当 SCL 处于高电平时，SDA 从低到高的跳变。

应答信号 ACK：在 SCL 高电平期间，拉 SDA 为稳定的低电平。在接收 1 字节后，由接收器产生 1 个 ACK，作为应答。

应答信号 $\overline{ACK}$：在 SCL 高电平期间，拉 SDA 为稳定的高电平。

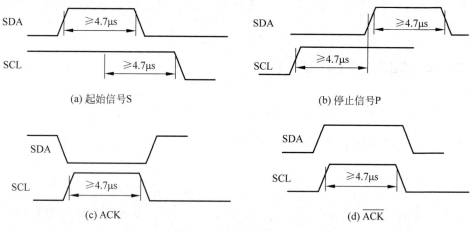

图 20-3 基本信号时序

20.2.2 控制字节

在发送起始信号后，主器件送出一个控制字节，选择从器件并控制传输方向，控制字节定义如表 20-1 所示。

表 20-1 AT24C02 控制字节

D7	D6	D5	D4	D3	D2	D1	D0
器件类型标识				芯片地址			读写控制
1	0	1	0	A2	A1	A0	R/W

D7~D4：确定从器件类型，1010 为 IIC 总线 EEPROM 标志，由 IIC 规约规定。当 1010 码发送到总线上时，其他非串行 EEPROM 从器件不会响应。

A2~A0：从器件硬件地址。

R/W：读写控制，为 0 时写，为 1 时读。

控制字节：在开始信号后，由主器件发出，从器件应答 ACK。

20.2.3 读/写操作

1．读操作

当控制字节中读写控制位 R/W 位被置为 1 时，启动读操作，包括当前读、随机读和顺序读。

1）当前读

当前读是读当前从机内地址寄存器所指向单元内容,然后内部地址计数器自动加1,指向下一单元,时序见图20-4。

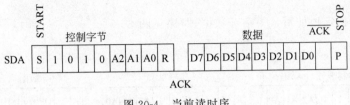

图 20-4　当前读时序

在接收到从器件地址中 R/W=1 时,从器件发送一个应答信号 ACK 并发送 8 位数据。接收后单片机不发送 ACK,而发送 STOP 以结束现行地址读操作。

2）随机读

随机读是主器件指定一个单元地址,然后进行读操作,时序见图20-5。

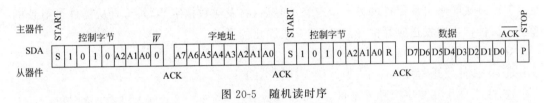

图 20-5　随机读时序

步骤:

① 主器件发起始信号 S 后,发送控制字节,即 1010A2A1A00(最低位置0),发被读器件地址;

② 主器件接收来自从器件的应答信号后,产生一个 START 信号,以结束上述写过程;

③ 主器件发送一个读控制字节;

④ 从器件在发送 ACK 信号后,发送 8 位数据;

⑤ 主器件发送 $\overline{ACK}$ 后发送一个 STOP,读操作结束。

3）顺序读

顺序读是主器件发送一个地址,然后从此地址开始,连续读多字节,时序见图20-6。

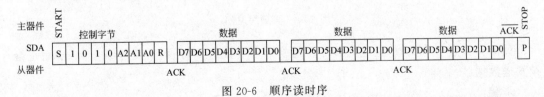

图 20-6　顺序读时序

顺序读和字节读操作类似,只是在从器件发送第一字节后,主器件不发送 $\overline{ACK}$ 和停止信号,而是发送 ACK 应答信号,控制从器件发送下一个顺序地址的 8 位数据。这样可读 N 个数据,直到主器件不发送 ACK 信号,而发送一个停止信号。

2. 写操作

包括字节写和页面写两种写操作。

1）字节写

字节写是在指定地址写入 1 字节数据,时序见图 20-7。

图 20-7　字节写时序

首先主器件发送起始信号 S 后,发送控制字节,读写控制位 R/W 为低电平,写操作,然后等待应答信号,从器件被寻址,由主器件发送的下一字节为子地址,为将被写入的单元地址;主器件接收来自从器件的另一个应答信号后,将发送数据字节,并写入从器件被寻址的单元;从器件再次发送应答信号,主器件发送停止信号 P。

字节写步骤:

① 主器件发送写控制字节,等待接收应答 ACK;

② 主器件发送 1 字节单元地址,等待接收应答 ACK;

③ 主器件发送数据字节,等待接收应答 ACK;

④ 主器件发送停止信号 P。

2）页面写

页面写是主器件连续发送不超过一个页面的待写入数据,暂存在接收器件片内页面缓冲区内,在主器件发送停止信号后写入存储器,时序见图 20-8。

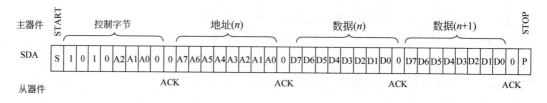

图 20-8　页面写时序

页面写和字节写类似,只是主器件在完成第一个数据传输后,不发送停止信号,而是继续发送数据。

步骤:

① 主器件发送起始信号 S;

② 主器件发送写控制字节,等待接收应答 ACK;

③ 主器件发送 1 字节单元地址,等待接收应答 ACK;

④ 主器件发送数据字节,等待接收应答 ACK;

⑤ 主器件发送数据字节,等待接收应答 ACK;

⋮

ⓝ 主器件发送停止信号 P。

内部地址计数器自动加 1,为循环地址计数器。内部写周期在停止信号被接收后开始。

20.3 IIC 总线接口

1. 接口电路

3 片 AT24C02 连接 AT89C51 电路如图 20-9 所示,仿真结果如图 20-10 所示。

SCL 连接 P1.5,SDA 连接 P1.4。0♯、1♯ 和 2♯24C02 的硬件地址分别为 0x00、0x01 和 0x03。

在 3 片 24C02 中分别顺序写入 32 字节数据,然后读出,分别在 P2 和 P3 显示,以验证写入的正确。

注意:写入和读出之间要有延时,否则会读出错误。

用 IIC 调试器显示 IIC 操作时序,显示字符为:

S——起始信号 START。

Sr——重新起始信号(第二个起始信号 START)。

P——停止信号 STOP。

A——应答信号 ACK。

N——应答信号 $\overline{ACK}$。

2. 参考程序

```
//IIC.H   IIC 头文件
#ifndef __i2c_h__
#define __i2c_h__

extern unsigned char ATbuf;
extern void vDelay(unsigned int uiT);
extern void IICstart(void);
extern void IICstop(void);
extern void Write1Byte(unsigned char Buf1);
extern unsigned char Read1Byte(void);
extern void WriteAT24C02(unsigned char Address,unsigned char Databuf);
extern unsigned ReadAT24C02(unsigned char Address);
extern void MWriteAT24C02(unsigned char,unsigned char,unsigned char );
extern unsigned MReadAT24C02(unsigned char ICA,unsigned char Address);
#endif
```

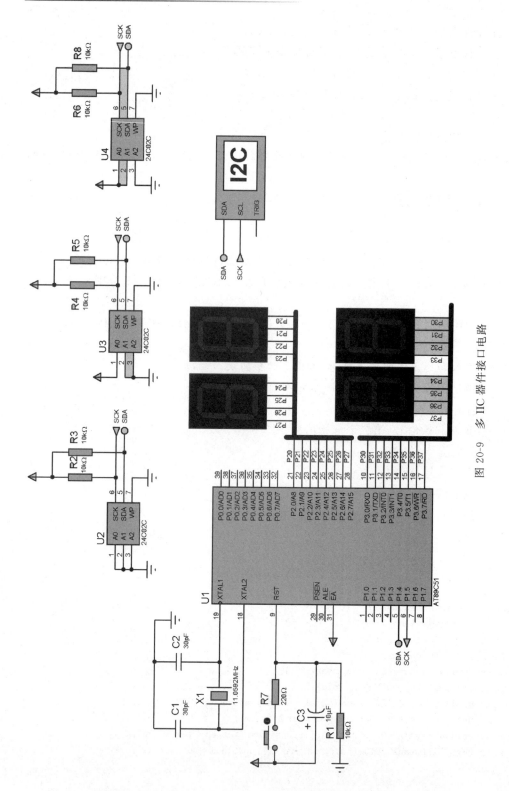

图 20-9　多 IIC 器件接口电路

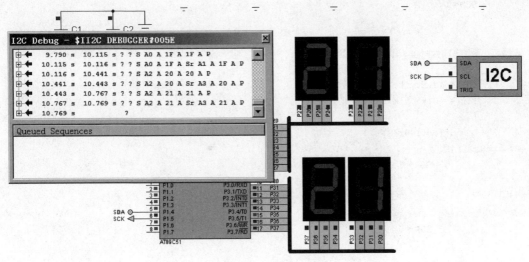

图 20-10 仿真结果

```
//IIC.C   IIC 函数定义文件

# include < AT89X52. h >
# include < Intrins. h >
# include "i2c. h"
sbit SCL = P1^5;
sbit SDA = P1^4;

unsigned char ATbuf;
void vDelay(unsigned int uiT)
{
   while(uiT -- );
}
void IICstart(void)
{
     SDA = 1; SCL = 1;
     _nop_(); _nop_();
     SDA = 0; _nop_(); _nop_();
     SCL = 0;
}

void IICstop(void)
{
     SDA = 0;
     SCL = 1;
     _nop_(); _nop_();
     SDA = 1;
     _nop_(); _nop_();
```

```
        SCL = 0;
    }

    void Write1Byte(unsigned char Buf1)
    {
        unsigned char k;
        for(k = 0;k < 8;k++)
        {
            if(Buf1&0x80)
            {
                SDA = 1;
            }
            else
            {
                SDA = 0;
            }
            _nop_();
            _nop_();
            SCL = 1;
            Buf1 = Buf1 << 1;
            _nop_();
            SCL = 0;
            _nop_();
        }
        SDA = 1; _nop_();
        SCL = 1; _nop_(); _nop_();
        SCL = 0;
    }

    unsigned char Read1Byte(void)
    {
        unsigned char k;
        unsigned char t = 0;
        for(k = 0;k < 8;k++)
        {
            t = t << 1;
            SDA = 1;
            SCL = 1;
            _nop_(); _nop_();
            if(SDA == 1)
            {
                t = t|0x01;
            }
            else
            {
                t = t&0xfe;
            }
```

```
        SCL = 0; _nop_(); _nop_();
    }
    return t;
}


void WriteAT24C02(unsigned char Address,unsigned char Databuf)
{
    IICstart();
    Write1Byte(0xA0);
    Write1Byte(Address);
    Write1Byte(Databuf);
    IICstop();
}


unsigned ReadAT24C02(unsigned char Address)
{
    unsigned char buf;
    IICstart();
    Write1Byte(0xA0);
    Write1Byte(Address);
    IICstart();
    Write1Byte(0xA1);
    buf = Read1Byte();
    IICstop();
    return(buf);
}


void MWriteAT24C02(unsigned char ICA,unsigned char Address,unsigned char Databuf)
{
    unsigned char ucD;
    ucD = (ICA&0x07)<< 1;
    ucD = ucD|0xA0;
    IICstart();
    Write1Byte(ucD);
    Write1Byte(Address);
    Write1Byte(Databuf);
    IICstop();
}


unsigned MReadAT24C02(unsigned char ICA,unsigned char Address)
{
    unsigned char buf,ucD;
    ucD = (ICA&0x07)<< 1;
    ucD = ucD|0xA0;
    IICstart();
    Write1Byte(ucD);
    Write1Byte(Address);
```

```
        IICstart();
        ucD = ucD|0x01;
        Write1Byte(ucD);
        buf = Read1Byte();
        IICstop();
        return(buf);
    }
//MAIN.C 主程序文件
# include < AT89X52.h>
# include < Intrins.h>
# include "i2c.h"

void main(void)
{
    unsigned char ucD = 0x55,ucRD,i;
    while(1)
    {
    for(i = 0;i < 32;i++)
    {
      ucD = i; P2 = ucD;                //显示写入数据
      MWriteAT24C02(0x00,i,ucD);
        //写 0#24C02,芯片地址 0x00,数据地址 i,数据 ucD
      vDelay(100);                      //注意:写入后延时,否则读出错误
      ucRD = MReadAT24C02(0x00,i);
        //读 0#24C02,芯片地址 0x00,数据地址 i
      P3 = ucRD;                        //显示写入数据
      vDelay(9000);
    }
    for(i = 32;i < 64;i++)
    {
      ucD = i;
      P2 = ucD;
      MWriteAT24C02(0x01,i,ucD);
        //写 1#24C02,芯片地址 0x01,数据地址 i,数据 ucD
      vDelay(100);                      //注意:写入后延时,否则读出错误
      ucRD = MReadAT24C02(0x01,i);
      //读 1#24C02,芯片地址 0x01,数据地址 i
      P3 = ucRD;
      vDelay(9000); ;
    }
    for(i = 64;i < 96;i++)
    {
      ucD = i;
      P2 = ucD;
      MWriteAT24C02(0x03,i,ucD);
        //写 2#24C02,芯片地址 0x03,数据地址 i,数据 ucD
      vDelay(100);
```

```
        ucRD = MReadAT24C02(0x03,i);
        P3 = ucRD;
        vDelay(9000);
    }
    }
}
```

习题

1. 简述 IIC 总线特点。

2. 简述 IIC 总线起始信号和停止信号的时序。

3. 如何设置 AT24C02 的芯片地址？

4. 为什么 IIC 总线的 SDA 和 SCL 需要外接上拉电阻？

5. 已知单片机使用晶体振荡器的频率为 6MHz，设计用软件模拟产生时钟 SCL 和数据 SDA 的起始信号和停止信号的程序。

第五部分 实 验

实验与实践是单片机原理及技术学习最好的方法。Proteus 和 Keil 为单片机实验提供了最为便利的工具，也为嵌入式系统设计工程师提供了最好的系统调试与仿真平台。Proteus 和 Keil 开发平台的熟练使用，是单片机课程学习要求的基本专业技能之一。

本部分包括：

第 21 章　Proteus 与 Keil 联合调试

以一个最小系统为应用实例，简要介绍利用 Proteus 和 Keil 进行原理设计和程序设计的步骤，在此基础上，介绍 Proteus 与 Keil 联合调试的环境设置及调试步骤。

第 22 章　基础实验

设计 22 个 Proteus 基础实验，覆盖全部讲授内容，强化对课程内容的理解和实际应用。

第 21 章

Proteus 与 Keil 联合调试

Proteus 是英国 Lab Center Electronics 公司出版的电子设计自动仿真工具软件,由 ISIS 和 ARES 两个软件构成。ISIS 是原理图编辑与仿真软件,ARES 是 PCB 设计软件。Proteus 结合了单片机仿真和 SPICE 电路仿真,支持多种单片机系统仿真,包括 6800、8051、AVR、PIC、HC11、Z80 等系列,支持第三方软件编译和调试,如 Keil μVision 等。

本章以一个流水灯 LEDS 为应用实例,介绍在 Proteus ISIS 平台设计原理图、在 Keil μVision 平台设计 C 语言程序以及实现 Proteus ISIS 和 Keil μVision 联合调试。

关于 Proteus 和 Keil μVision 的详细使用,请参考 Proteus 和 Keil μVision 使用教程。

注意:建立目录 MyLEDS,将 Proteus 产生的原理图文件和 Keil μVision 产生的所有文件(程序文件、编译输出等)存放在该目录下,不设子目录。

21.1　Proteus 仿真原理图设计

本节以流水灯电路为应用实例,介绍 Proteus 仿真原理图设计的步骤。

21.1.1　仿真原理图

流水灯电路原理见图 21-1,器件清单见表 21-1。

表 21-1　器件清单

名　　称	编　　号	参　　数	说　　明
AT89C51	U1		单片机
CAP	C1、C2	30pF	电容
CRYSTAL	X1	12MHz	晶振
RES	R7	220Ω	电阻
CAP-ELEC	C3	10μF	电容
BUTTON			按键
RESPACK-8	RP1	10kΩ×8	电阻排
LED-BLUE	D1～D8		发光二极管

236

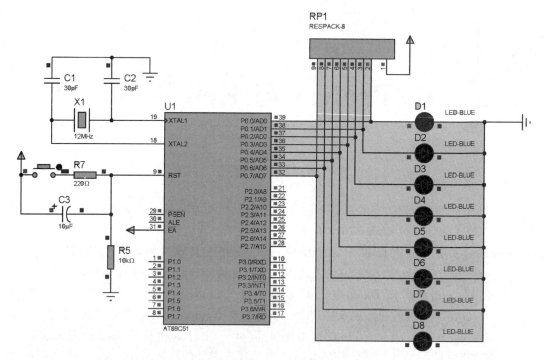

图 21-1   流水灯电路原理图

下面通过绘制流水灯原理图，介绍用 Proteus 绘制仿真原理图的步骤。

21.1.2   用 Proteus 绘制仿真原理图

1. 工作界面

双击桌面的 ISIS Professional 图标或选择"开始"→"程序"→Proteus Professional→
ISIS Professional 选项，启动 Proteus ISIS，进入 ISIS 工作界面，如图 21-2 所示。

工作界面是标准的 Windows 操作界面，包括标题栏、标准工具栏、绘图工具栏、对象选
择按钮、对象选择窗口、仿真控制按钮和图形编辑窗口。

2. 选取元件

电路元器件清单见表 21-1。

按照如下步骤，从 Proteus 元件库找到这些元件：

（1）在绘图工具栏中，单击"选择模式（Selection Mode）"或"器件模式（Component
Mode）"，见图 21-3。

（2）单击"对象选择按钮 P（Picking from Libraries）"见图 21-4，打开 Pick Devices 窗
口，见图 21-5。

（3）在 Keywords 栏输入器件名称 AT89C51，则器件名称出现在 Results 栏，器件预览
出现在 Schematic Preview 栏，封装出现在 PCB Preview 栏，见图 21-6。

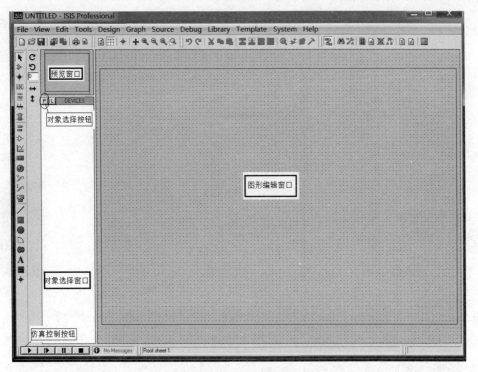

图 21-2 工作界面

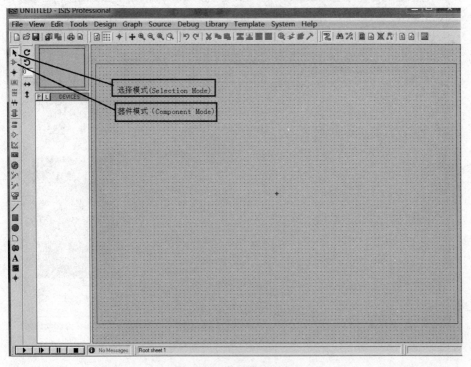

图 21-3 选择模式界面

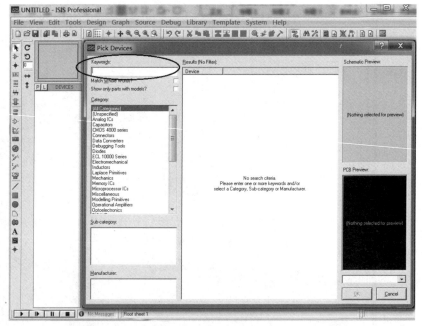

图 21-4　器件选择　　　　　　　　　　　　　　图 21-5　器件预览

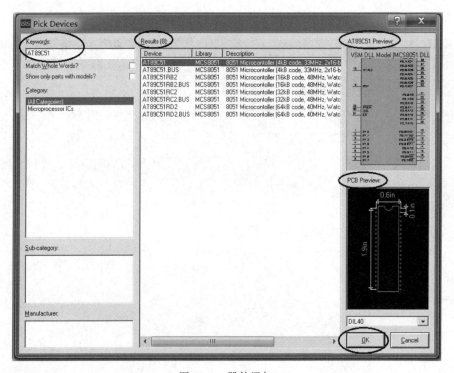

图 21-6　器件添加

单击 OK 按钮,返回,器件 AT89C51 已添加至对象选择器窗口,见图 21-7。

(4) 使用同样的步骤,将原理图清单中的器件添加进对象选择器窗口,见图 21-8。

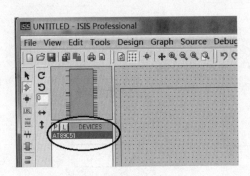 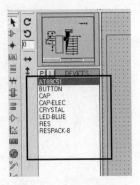

图 21-7 器件添加至选择窗口　　　　图 21-8 添加全部器件

3. 放置元件

将这些添加在对象选择窗中的元件放入图形编辑窗。

1) 选中

单击对象选择窗中的器件名,蓝色条出现在器件名上表示选中,同时该元件图出现在预览窗,见图 21-9。

2) 调整方向

利用对象方向控制按钮调整器件方向,见图 21-10。

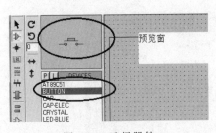 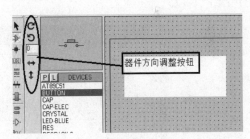

图 21-9 选择器件　　　　图 21-10 器件调整

3) 放置

在图形编辑窗口单击会出现器件虚像,将鼠标移到合适位置后,单击将器件放在选定位置。

4) 移动

单击器件使其被选中,然后按住鼠标左键拖动,元件跟随指针移动,松开鼠标即放下。

5) 调整显示

编辑过程中,可选中器件,右击,调出调整窗口见图 21-11,可对器件进行旋转、X-镜像、Y-镜像操作。可通过鼠标滑轮放大、缩小显示。

4. 放置电源/地

单击绘图工具栏总的"终端模式（Terminal Mode）"按钮，在对象选择窗中单击"POWER"，在图形编辑窗合适位置放置电源，见图21-12。

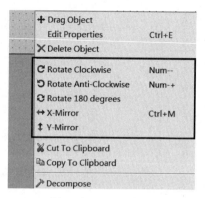

图 21-11　方向调整

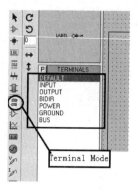

图 21-12　放置电源/地

同样方法，在"终端模式"下选择"GROUND"（地），放置在图形编辑窗口。

5. 布线

单击元件连接端，会自动生成连线。

6. 设置元件属性

对原理图中电阻和电容，需要设置参数。双击器件，打开"编辑器件属性对话框"，部分属性见图21-13。

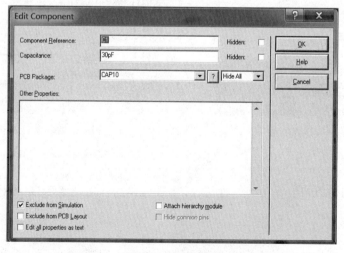

图 21-13　器件属性

按照原理图器件清单，设置电阻值、电容值即可。

7. 输出电路图

选择保存操作,将原理图文件保存在 MyLEDS 目录,见图 21-14。

图 21-14 文件保存

21.2 Keil μVision 程序设计

下面通过编辑、编译流水灯程序,介绍用 Keil μVision 设计单片机 C 语言程序的步骤。

1. 工作界面

Keil μVision 的工作界面是标准的 Windows 界面,如图 21-15 所示。工作界面包括主菜单、工具栏、程序编辑窗口等。

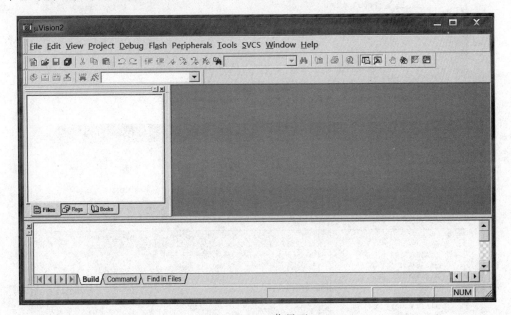

图 21-15 工作界面

2. 创建工程

(1)创建工程。在 Project→New Project 中,选择创建新工程,如图 21-16 所示。

(2)选择保存路径,输入工程文件名,如 LEDS,保存到已建立的 MYLEDS 目录。

(3)随后自动跳出一个对话框,需要选择单片机型号。

(4)选择 Atmel-AT89C51,如图 21-17 所示。

完成工程创建,如图 21-18 所示。

3. 编辑程序

选择 File→New File,建立新文件,产生一个文件编辑窗口,如图 21-19 所示。

在 Text1 文件窗口中输入 C 语言源程序。选择 File→Save As,将文件保存在

MYLEDS 目录下,文件名 LEDS.c,必须是.c 文件。

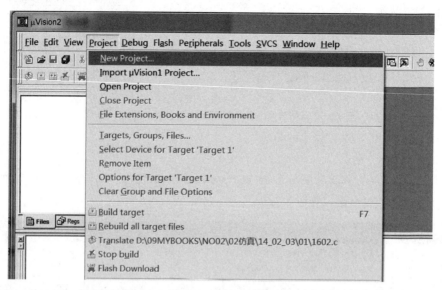

图 21-16　创建工程

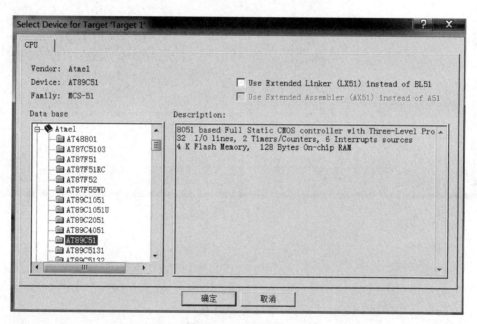

图 21-17　型号选择

4. 添加 LEDS.c 到工程

单击 Target 1 前的＋,右击 Source Group1 选项,选择 Add File to Group'Source Group 1' 选项,在弹出的文件选择窗中选择新建的文件 LEDS.c,如图 21-20 所示。

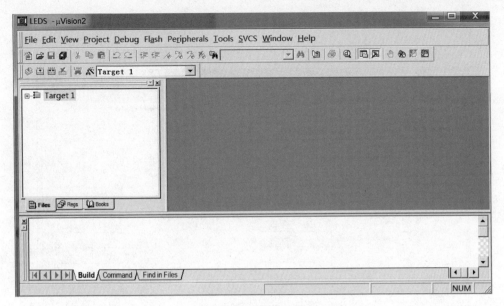

图 21-18　创建工程

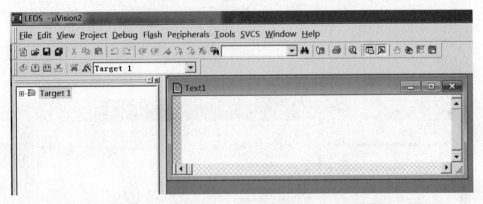

图 21-19　编写源程序

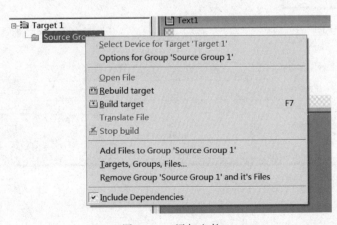

图 21-20　添加文件

5. 环境变量设置

选中 Target1，右击，选择 Option for Target 选项，打开对话框，见图 21-21。

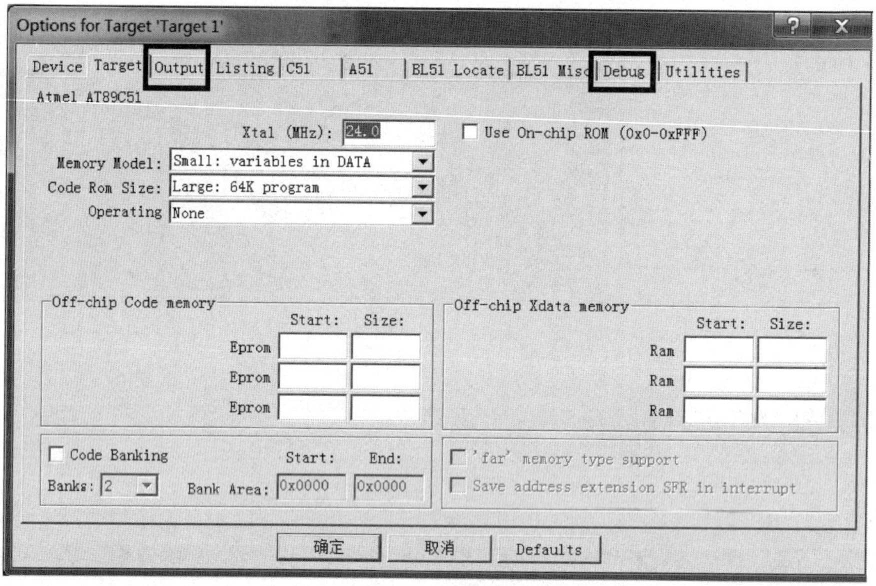

图 21-21　环境变量设置

在 Output 和 Debug 选项框中，完成文件输出路径和仿真设置，见图 21-22。

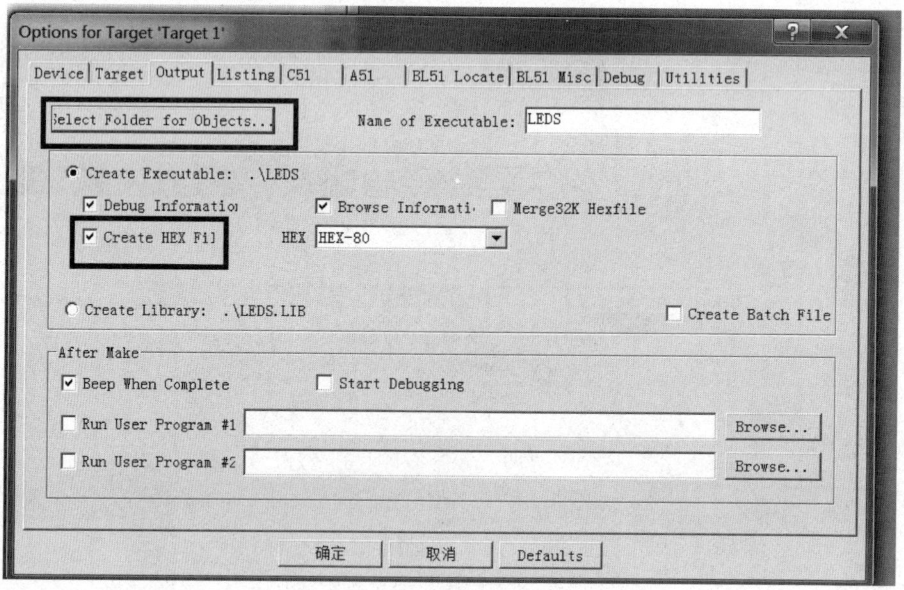

图 21-22　路径设置

选中 Create HEX File。单击 Select Folder for Objects，选定前面建立的目录
MYLESD 为输出文件目录。

6. 编译

单击 Project→Build All，完成编译，并在 MYLEDS 目录下，生成 LEDS. hex 文件。

21.3 Proteus 与 Keil 联合调试

1. 安装 VDM51. DLL 文件

若 Proteus 和 Keil μVision 已正常安装，则把 C:\Program File\Labcenter Electronic\
Proteus Professional\MODELS\VDM51. dll 复制到 C:\Keil\C51\BIN 目录下。

若没有 VDM51. dll，则可网上下载 vdmagdi. exe，并安装到 Keil 目录下。下载
VDM51. dll，直接复制到 C:\Keil\C51\BIN 目录下也可。

2. 修改 TOOLS. INI 文件

用记事本打开 C:\Keil\TOOLS. INI 文件，在[C51]栏目下，添加"TDRV5＝BIN\
VDM51. DLL(PROTEUS VSM MONITOR-51 Driver")并保存，见图 21-23。

```
[UV2]
ORGANIZATION="Microsoft"
NAME="Microsoft S"
EMAIL="S"
Version=V2.2
BOOK0=UV2\RELEASE_NOTES.HTM("uVision2 Release Notes")
BOOK1=UV2\UV2.HLP("uVision2 User's Guide")
[C51]
PATH="C:\Keil\C51"
SN=K1DZP-5IUSH-A01UE
Version=V7.0
BOOK0=HLP\RELEASE_NOTES.HTM("Release Notes")
BOOK1=HLP\GS51.PDF("uVision2 Getting Started")
BOOK2=HLP\C51.PDF("C51 User's Guide")
BOOK3=HLP\C51LIB.CHM("C51 Library Functions",C)
BOOK4=HLP\A51.PDF("Assembler/Utilities")
BOOK5=HLP\TR51.CHM("RTX51 Tiny User's Guide")
BOOK6=HLP\DBG51.CHM("uVision2 Debug Commands")
BOOK7=HLP\ISD51.CHM("ISD51 In System Debugger")
BOOK8=HLP\FlashMon51.CHM("Flash Monitor")
BOOK9=MON390\MON390.HTM("MON390: Dallas Contiguous Mode Monitor")
TDRV0=BIN\MON51.DLL ("Keil Monitor-51 Driver")
TDRV1=BIN\ISD51.DLL ("Keil ISD51 In-System Debugger")
TDRV2=BIN\MON390.DLL ("MON390: Dallas Contiguous Mode")
TDRV3=BIN\LPC2EMP.DLL ("LPC900 EPM Emulator/Programmer")
TDRV4=BIN\UL2UPSD.DLL ("ST-uPSD ULINK Driver")
TDRV5=BIN\VDM51.DLL ("PROTEUS VSM MONITOR-51 Driver")
RTOS1=RTXTINY.DLL ("RTX-51 Tiny")
RTOS2=RTX51.DLL ("RTX-51 Full")
RTOS0=RTXTINY.DLL ("RTX-51 Tiny")
```

图 21-23 修改 TOOLS. INI 文件

3. Proteus 设置

进入 Proteus ISIS 界面，选择 Debug→Use Remote Debug Monitor 选项，如图 21-24 所示。

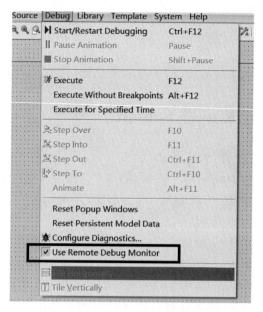

图 21-24　Proteus 设置

4. Keil 设置

选择 Project→Options for Target 选项，弹出 Options for Target 对话框，选择 Debug 对话框，选择 Proteus VSM MONITOR-51 Driver 选项，并且选中 Use 选项，完成设置见图 21-25。

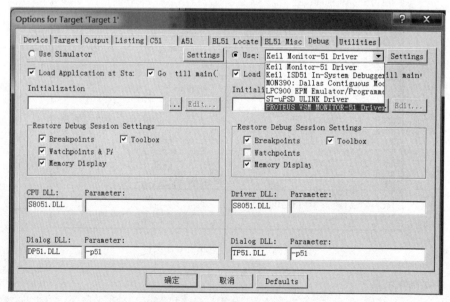

图 21-25　Keil 设置

5. 加载.HEX 文件

在 Proteus 的 ISIS 界面,双击 AT89C51 器件,弹出对话框,在 Program File 单击文件夹,选择 Keil 下生成的 LEDS.hex,见图 21-26。

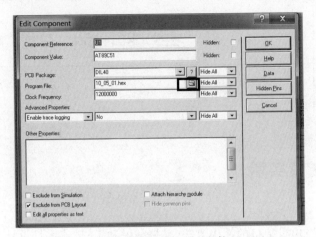

图 21-26　加载.HEX 文件

6. Proteus 与 Keil 联合调试

在 Proteus 的 ISIS 界面选择 Debug→Start Debugging,在 Keil 环境下进入 Debug→Start/Stop Debug Session 菜单,进行 STEP/STEP、OVER/RUN 等仿真和调试,这时 Proteus 环境下的仿真原理图随着 Keil 中程序运行,同步显示运行结果,可观察到引脚的电平变化,红色代表高电平,蓝色代表低电平,灰色代表高阻态,黄色代表不确定,联调界面见图 21-27。

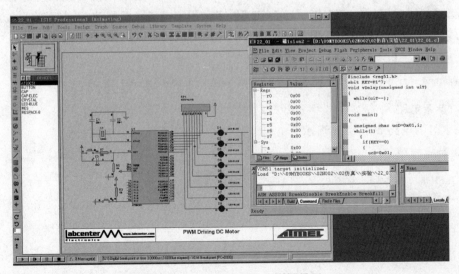

图 21-27　Proteus 和 Keil 联调界面

第 22 章

基础实验

微课视频

22.1 I/O端口实验

1. 实验目的

掌握 8051 输入/输出端口的使用方法,掌握按键和 LED 流水灯设计方法。

2. 实验内容

设计按键和 LED 流水灯电路。按下输入低电平,左流水灯。按键未按下输入高电平,右流水灯,见图 22-1。

CMOS 电路的输入电阻一般都在 10MΩ 以上,经过电流很小,KEY 经过电阻接电源,即为高电平。按下按键,KEY 为低电平。CMOS 电路为高输入阻抗电路,输入端悬空时,呈现高阻态,既不为高,也不为低,因此输入不能悬空。

P0 口作为一般输出,需要外接上拉电阻。P1、P2、P3 口的灌电流负载驱动能力远大于拉电流负载,因此用 I/O 口直接驱动 LED 时,多采用灌电流负载驱动(低电平输出)方式。

可以定义流水灯数组,实现更丰富的流水灯效果,如:

```
unsigned char ucLEDS0[ ] = {0x81,0x42,0x24,0x18}; //或
unsigned char ucLEDS1[ ] = {0x0C0,0x60,0x30,0x18,0x0c,0x06,0x03};
```

3. 参考电路

流水灯的电路如图 22-1 所示。

4. 参考程序

```
# include < reg51.h >
sbit KEY = P1^7;
void vDelay(unsigned int uiT)
{
   while(uiT -- );
}
void main()
{
```

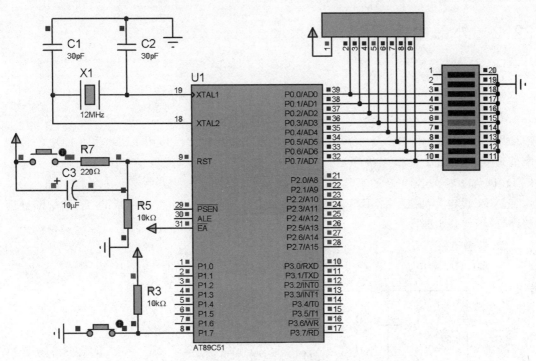

图 22-1　流水灯电路

```c
unsigned char ucD = 0x01, i;
while(1)
  {
    if(KEY == 0)
    {
      ucD = 0x01;
      for(i = 0; i < 8; i++)
        {
          P0 = ucD << i; vDelay(5000);
        }
    }
    if(KEY == 1)
    {
      ucD = 0x80;
      for(i = 0; i < 8; i++)
        {
          P0 = ucD >> i; vDelay(5000);
        }
    }
  }
}
```

微课视频

22.2　外部中断实验

1．实验目的

掌握 8051 单片机外部中断的使用方法，理解中断优先级。

2．实验内容

用按键 KEY0 和 KEY1 模拟外部中断请求 $\overline{INT0}$ 和 $\overline{INT1}$，用 LED0 和 LED1 模拟中断处理程序，LED2 模拟主程序运行。KEY0 按下时，LED0 闪烁 100 次，按下 KEY1 时，LED1 闪烁 100 次，无中断请求时，LED2 闪烁。

$\overline{INT1}$ 设定为高级中断，$\overline{INT0}$ 设定为低级中断，验证 $\overline{INT1}$ 可以中断 $\overline{INT0}$ 的中断处理程序，模拟实现中断嵌套。

3．参考电路

外部中断实验电路如图 22-2 所示。

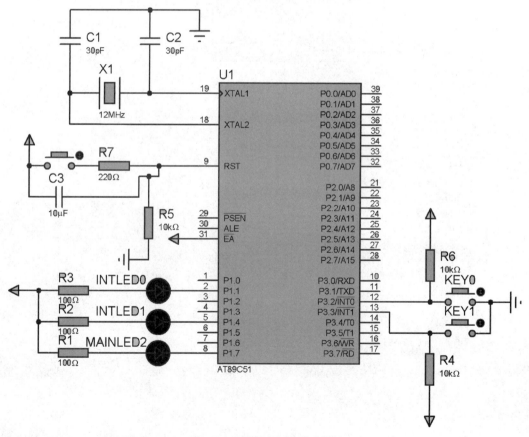

图 22-2　外部中断实验电路

4. 参考程序

```c
#include < REG51.h>
sbit LED0 = P1^1;
sbit LED1 = P1^4;
sbit LED2 = P1^7;
void vDelay(unsigned int uiT)
{
  while(uiT--);
}
void INIT0(void) interrupt 0
{
  unsigned char i;
  for(i = 0;i < 100;i++)
    {
        LED0 = ~LED0;vDelay(5000);     //模拟 INT0 中断处理程序,闪烁100次
    }
}
void INIT1(void) interrupt 2
{
  unsigned char i;
  for(i = 0;i < 100;i++)
    {
        LED1 = ~LED1;vDelay(5000);     //模拟 INT1 中断处理程序,闪烁100次
    }
}
void main(void)
{
    IT0 = 1; EX0 = 1;
    IT1 = 1; EX1 = 1;
    EA = 1;
    PX1 = 1;PX0 = 0;
//  INT1 设定为高级中断,INT0 设定为低级中断,验证 INT1 可以中断 INT0 的中断处理程序,
//实现中断嵌套
    while(1)
    {
        LED2 = ~LED2;vDelay(1000);     //闪烁,模拟主程序
    }
}
```

22.3 定时/计数器实验

微课视频

1. 实验目的

掌握 8051 单片机内部定时器的使用方法,了解音阶与频率的关系并学习编写程序。

2．实验内容

音阶由不同频率的方波产生，C调音阶与频率的关系见表 22-1。

表 22-1　C调基本音阶标称频率

音阶	1	2	3	4	5	6	7	i
低频率/Hz	262	294	330	347	392	440	494	524
高频率/Hz	524	588	660	698	784	880	988	1024

设定系统振荡频率为 f_{OSC}，对应音阶频率为 f，设定时器的初值为 X，则每个音阶对应的定时器初值，可按下式计算

$$X = 2^{16} - \frac{f_{OSC}}{24f}$$

设定时/计数器初值，产生 C 调基本音阶，在此基础上，设计简易电子琴。

3．参考电路

定时/计数器的参考电路如图 22-3 所示，P1.2 控制扬声器发声，P1.0 同步控制 LED 闪烁。

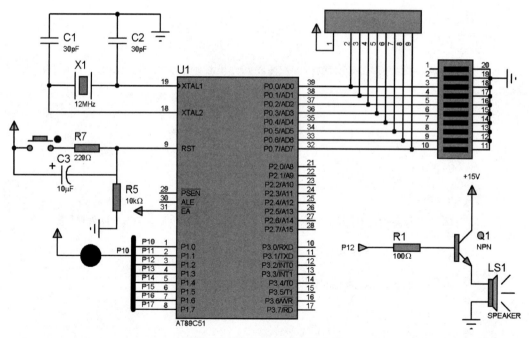

图 22-3　定时/计数器实验电路

4．参考程序

```
#include < reg51.h>
sbit LED0 = P1^0;
```

```
sbit SPEAKER = P1^2;
unsigned int uiFreq[8] = {262,294,330,349,392,440,499,524};
void Timer0(void) interrupt 1              //TC0 定时 25000μs
{
    static unsigned char i,ucH,ucL;
    static unsigned int ucT = 0;
    unsigned long ulF0 = 6000000,ulF,X; //FOSC = 6MHz;
    LED0 = ~LED0;                          //驱动 LED
    SPEAKER = ~SPEAKER;                    //驱动扬声器
    if(ucT == 0)                           //中断计 40 次,1s
    {
        i = (i + 1) % 8;
        X = 65536 - ulF0/uiFreq[i]/24;
        ucL = (unsigned char)(X % 256);   //TL0 赋初值
        ucH = (unsigned char)(X/256);     //TH0 赋初值
        P0 = TL0;                          //显示计数值
    }
     TL0 = ucL;                            //TL0 赋初值
     TH0 = ucH;                            //TH0 赋初值
     ucT = (ucT + 1) % 2000;
}
void main(void)
{
    TMOD& = 0xF0;
    TMOD| = 0x01;                          //设置定时器 0 为方式 1
    TL0 = 0xFF;                            //设置定时器 0 初值低 8 位
    TH0 = 0xFF;                            //设置定时器 0 初值高 8 位
    TR0 = 1; ET0 = 1; EA = 1;
    while(1) ;
 }
```

22.4 双机串口通信

微课视频

1. 实验目的
掌握 8051 串行通信端口的初始化以及通信程序设计方法。

2. 实验内容
双机通信。$f_{OSC}=11.0952\mathrm{MHz}$,8 位数据位,1 位停止位,无校验,波特率为 9600b/s。

3. 参考电路
用虚拟终端 Virtual Terminal 作为通信设备,接收字符的 ASCII 码在 LED 上显示。中断接收模拟终端发送的字符并在 P2 口显示,串口通信实验电路见图 22-4。

通信双方的 TXD 和 RXD 交叉连接。

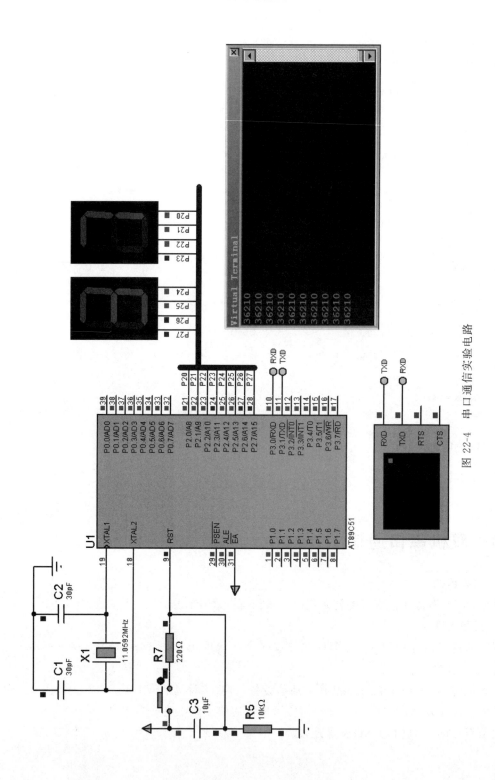

图 22-4　串口通信实验电路

4. 参考程序

```c
#include <reg51.h>
void vDelay(unsigned int uiT)
{
   while(uiT--);
}
void vRs232Send(unsigned char * ucD)
{
      unsigned char i = 0;
      while(ucD[i]!= 0x00)
      {
       SBUF = ucD[i];                    //循环发送
       while(TI == 0);
       TI = 0;
       i++;
      }
    vDelay(1000);
}
void UART_SER (void) interrupt 4        //中断接收
{
    unsigned char ucD;
    if(RI == 1)
    {
        ucD = SBUF;
        P2 = ucD;
        RI = 0;
    }
//     if(TI) TI = 0;
}
unsigned char ucD[] = {'3','6','2','1','0',0x0d,0x0a,0x00};
void main()
{
    unsigned char i = 0;
    TMOD = 0x20;                         //11.0952MHz,波特率9600b/s,方式1
    TL1 = 0xfd;TH1 = 0xfd;
    SCON = 0xd8;PCON = 0x00;
    TR1 = 1;
    EA = 1;ES = 1;
    while(1)
    {
    vRs232Send(ucD);
    }
}
```

微课视频

22.5 4路串行通信扩展

1. 实验目的

利用 4 选 1 多路开关 CD4052,实现 4 路串行通信端口扩展。

2. 实验内容

CD4052 为双 4 选 1 多路开关,允许双向传输,可实现 4 到 1 切换输入和 1 到 4 切换输出,引脚见图 22-5,引脚功能见表 22-2。

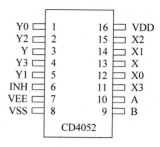

图 22-5 CD4052 引脚

表 22-2 CD4052 引脚功能

引脚号	引脚名	功　　能
12,14,15,11	X0,X1,X2,X3	X 通道 I/O
1,5,2,4	Y0,Y1,Y2,Y3	Y 通道 I/O
9、10	A,B	通道选择线
13	X	X 通道公共 I/O
3	Y	Y 通道公共 I/O
6	INH	禁止端
7	VEE	模拟信号地
8	VSS	数字信号地
16	VDD	电源＋

3. 参考电路

4 路串行通信扩展接口电路由 1 片 4 位锁存器 74LS175 和 1 片 CD4052 组成。74LS175 锁存器提供 CD4052 需要的通道选择信号 A、B 和控制信号 INH,见图 22-6。

I/O[7..0]:数据线,输入/输出,连接系统数据总线 D[7..0]。

$\overline{CS\_SCOM0}$:本接口使能信号,低有效,连接系统地址线 A15。

MTXD、MRXD:公共串行发送/接收数据线,连接主系统 MCU 的 TXD 和 RXD。

RXD0/TXD0:通道 0 串行发送/接收数据线,通道 0 收发信号。

RXD1/TXD1:通道 1 串行发送/接收数据线,通道 1 收发信号。

RXD2/TXD2:通道 2 串行发送/接收数据线,通道 2 收发信号。

RXD3/TXD3:通道 3 串行发送/接收数据线,通道 3 收发信号。

4 路扩展通道编址及控制命令定义见表 22-3。

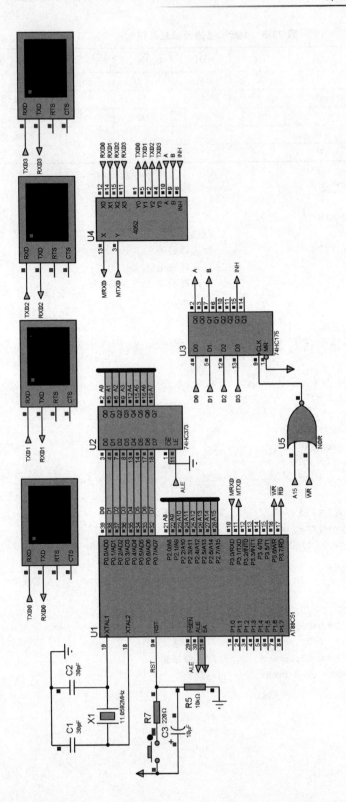

图 22-6　4 路串行通信扩展接口电路

表 22-3　4 路扩展通道编址及控制命令定义

A15($\overline{CS}$)	D3	D2	D1	D0	功　能
0	1	×	×	×	禁止
	0	0	0	0	选择通道 0
	0	0	0	1	选择通道 1
	0	0	1	0	选择通道 2
	0	0	1	1	选择通道 3

端口及控制字定义：

```
#define PCOM4052 XBYTE[0x0000]
PCOM4052 = 0x00;                    //选择通道 0
PCOM4052 = 0x01;                    //选择通道 1
PCOM4052 = 0x02;                    //选择通道 2
PCOM4052 = 0x03;                    //选择通道 3
PCOM4052 = 0x08;                    //禁止
```

4. 参考程序

AT89C51 通过串行口与 4 路模拟终端进行串行通信。由 AT89C51 选定 1 路模拟终端，循环发送。

```
#include <reg51.h>
#include <absacc.h>
#define P4052 XBYTE[0x0000]
void vDelay(unsigned int uiT)
{
  while(uiT--);
}
unsigned char ucD[] = {'3','6','2','1','0',0x0d,0x0a,0x00};
void vP4052(unsigned char ucN)
//ucN=0,通道 0;ucN=1,通道 1;ucN=2,通道 2;ucN=3,通道 3;ucN=4,禁止
{
    switch(ucN)
    {
     case 0:P4052 = 0x00;break;     //选择通道 0
     case 1:P4052 = 0x01;break;     //选择通道 1
     case 2:P4052 = 0x02;break;     //选择通道 2
     case 3:P4052 = 0x03;break;     //选择通道 3
     default:P4052 = 0x08;break;    //禁止
    }
    return;
}
void main()
{
    unsigned char i,j;
```

```
    TMOD = 0x20;                            //11.0952MHz,波特率9600b/s,方式1
    TL1 = 0xfd; TH1 = 0xfd;
    SCON = 0xd8; PCON = 0x00;
    TR1 = 1;
    while(1)
    {
        j = (j + 1) % 4; vP4052(j);         //循环选择0,1,2,3通道
        i = 0;
        while(ucD[i]!= 0x00)
        {
            SBUF = ucD[i];                  //循环发送
            while(TI == 0);
            TI = 0;    i++;
        }
        vDelay(1000);
    }
}
```

22.6　8255A 扩展 I/O 口

微课视频

1. 实验目的

掌握 8255A 扩展并行口的方法。

2. 实验内容

8255A 为可编程并行 I/O 接口芯片,具有三个 8 位 I/O 口。

8255A 的 D0～D7 接 89C51 的 P0.0～P0.7,8255A 的 $\overline{RD}$ 和 $\overline{WR}$ 分别接 89C51 的 $\overline{RD}$ 和 $\overline{WR}$,8255A 片选信号 $\overline{CS}$ 接 138 译码器的 $\overline{Y7}$,8255A 的 A0 和 A1 分别接系统地址总线的 A0 和 A1。8255A 的 PA0～PA7 接发光二极管 L0～L7,PB0～PB7 接逻辑电平开关 K0～K7,见图 22-7。

从 8255A 的 PB 口读取开关状态,从 PA 口输出,在发光二极管上显示。

3. 参考电路

8255A 实验的参考电路如图 22-7 所示。

4. 参考程序

```
# include "reg51.h"
# include < absacc.h >
# define P1A8255 XBYTE[0xE000]            //Y7
# define P1B8255 XBYTE[0xE001]
# define P1C8255 XBYTE[0xE002]
# define P1COM8255 XBYTE[0xE003]
```

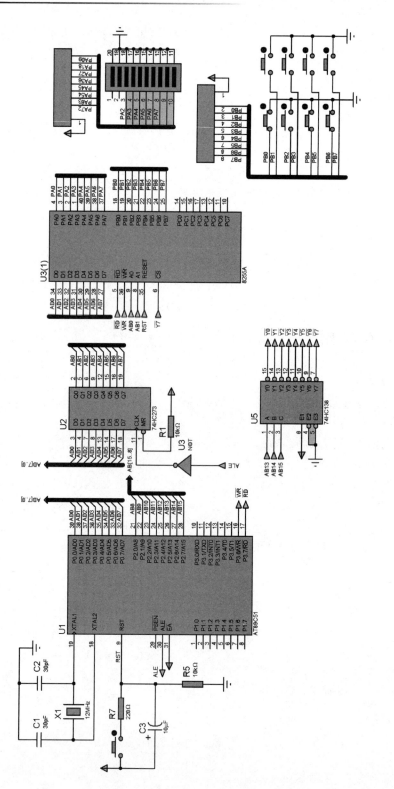

图 22-7 8255A 实验电路

```
void vDelay(unsigned int uiT )
{
  while(uiT -- ) ;
}

void main()
{
  unsigned char ucD;
  P1COM8255 = 0x82;
  while(1)
    {
      ucD = P1B8255;
      P1A8255 = ucD;
    }
}
```

22.7 74HC164 扩展并行输出口

微课视频

1．实验目的

利用 8051 串行口和 I/O 口扩展并行输出口。

2．实验内容

采用 4 个共阳极连接的七段 LED 显示器，通过 4 个级联的串入/并出移位寄存器 74HC164 驱动，用 89C51 串行口（或 2 根 I/O 线），通过串行口将显示段码逐位送出显示。LED 共阳极显示码见表 22-4。该电路的优点是占用单片机 I/O 口线少，且软件设计简单。

表 22-4　LED 共阳极显示码

显示字型	dp	g	f	e	d	c	b	a	段码
0	1	1	0	0	0	0	0	0	C0H
1	1	1	1	1	1	0	0	1	F9H
2	1	0	1	0	0	1	0	0	A4H
3	1	0	1	1	0	0	0	0	B0H
4	1	0	0	1	1	0	0	1	99H
5	1	0	0	1	0	0	1	0	92H
6	1	0	0	0	0	0	1	0	82H
7	1	1	1	1	1	0	0	0	F8H
8	1	0	0	0	0	0	0	0	80H
9	1	0	0	1	0	0	0	0	90H

3．参考电路

并行输出口电路如图 22-8 所示。

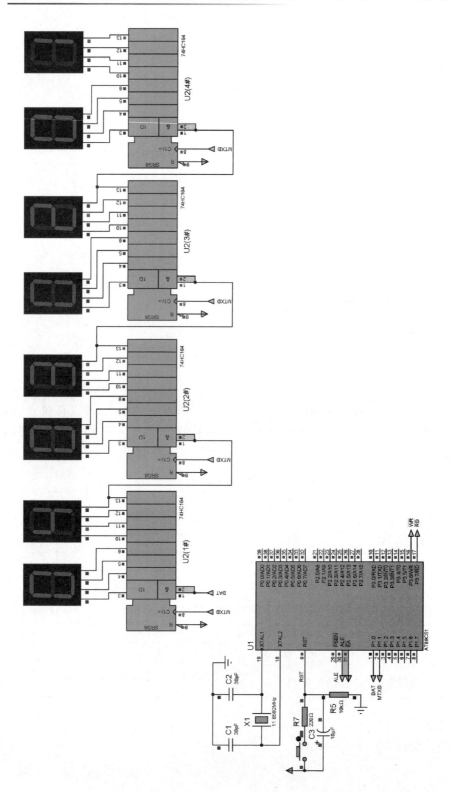

图 22-8 并行输出口电路

4. 参考程序

```c
#include < reg51.h >
#include < absacc.h >

sbit DAT = P1^0;
sbit CLK = P1^1;
void vDelay(unsigned int uiT)
{
  while(uiT -- );
}

void vSendByte(unsigned char ucD)
{
  unsigned char i;
  for(i = 0;i < 8;i++)
  {
    CLK = 0;DAT = ucD&0x01;CLK = 1;
    ucD = ucD >> 1;
  }
}

void main()
{
    unsigned char i;
    vSendByte(0x01);
    vSendByte(0x02);
    vSendByte(0x03);
    vSendByte(0x04);
    while(1);
}
```

22.8 74HC165 扩展并行输入接口

1. 实验目的

掌握 8051 I/O 口扩展并行输入口方法及 74HC165 使用方法。

2. 实验内容

利用 74HC165,通过两条 I/O 线,模拟产生移位时钟信号,实现并行数据的串行输入,软件实现串-并转换,在 P1 端口用 2 片七段码 LED 显示器(BCD 码输入)显示。

3. 参考电路

扩展并行输入接口电路如图 22-9 所示。

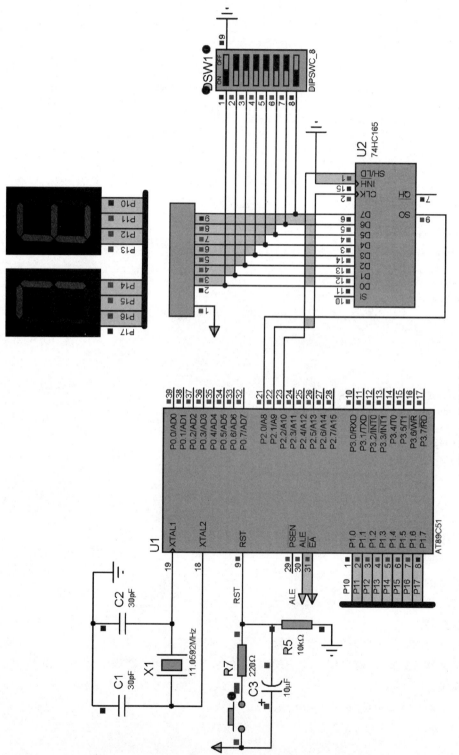

图 22-9 扩展并行输入接口电路

4. 参考程序

```
# include < reg52.H >
# include < intrins.h >
# define  NOP()  _nop_()          /* 定义空指令 */
sbit      CLK   = P2^1;          //串行时钟
sbit      IN_PL = P2^2;          //把数据加载到锁存器中
sbit      IN_Dat = P2^0;         //数据通过 P2.0 脚输入
unsigned char ReHC74165(void)
{
  unsigned char i,ucD;
  IN_PL = 0; NOP(); IN_PL = 1;   NOP();     //锁存数据
  ucD = 0;                                  //保存数据的变量清 0
  for(i = 0; i < 8; i++)
    {
      ucD = ucD << 1;                       //左移一位
      if(IN_Dat == 1)ucD = ucD + 1;         //IN_Dat 为高,最低为加 1
      CLK = 0; NOP(); CLK = 1;              //移位脉冲
    }
 return ucD;                                //返回
}
void main()
{
  while(1)
  {
   P1 = ReHC74165();                        //送两位七段 LED 显示器显示,BCD 码
  }
}
```

22.9 双 LCD1602 显示

1. 实验目的
掌握 LCD1602 模块显示接口和程序设计方法。

2. 实验内容
设计双 LCD1602 显示接口和显示程序。

3. 参考电路
利用锁存器 74HC273 扩展出外部地址总线 AB[15..0]和数据总线 AD[7..0],
74HC154 为系统地址译码电路,产生系统所需片选信号 $\overline{Y0}$～$\overline{Y15}$,其中 $\overline{Y3}$ 和 $\overline{Y4}$ 分别作
为 2 片 LCD1602 的片选信号,与读写控制信号经逻辑门,产生 LCD1602 需要的使能信号
E,接口电路见图 22-10。系统地址线 A1A0 连接 LCD1602 的 RS 与 RW,作为 LCD1602 的
命令/数据选择控制线和读写控制线。

2 片 LCD1602 端口编址分别见表 22-5 和表 22-6。

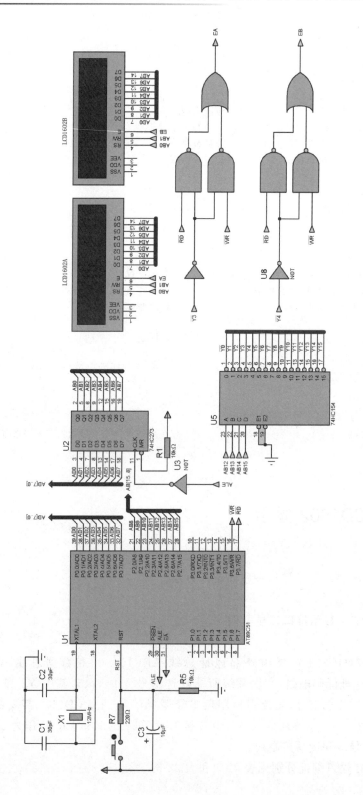

图 22-10 双 LCD1602 显示接口电路

表 22-5　LCD1602A 端口编址

A15A14A13A12	A1	A0	端口地址
$\overline{Y3}$	RW	RS	
0011	0	0	3000H：写数据寄存器
	0	1	3001H：写命令寄存器
	1	0	3002H：读数据寄存器

表 22-6　LCD1602B 端口编址

A15A14A13A12	A1	A0	端口地址
$\overline{Y4}$	RW	RS	
0100	0	0	4000H：写数据寄存器
	0	1	4001H：写命令寄存器
	1	0	4002H：读数据寄存器

4. 参考程序

```
# include "reg51.h"
# include < absacc.h >
# define uchar unsigned char

# define LCD1602C XBYTE[0x3000]         //Y3
# define LCD1602D XBYTE[0x3001]
# define LCD1602BY XBYTE[0x3002]

# define LCD1602CB XBYTE[0x4000]        //Y4
# define LCD1602DB XBYTE[0x4001]
# define LCD1602BBY XBYTE[0x4002]
void vDelay(unsigned int uiT)
{
  while(uiT--) ;
}

void CheckBusy(uchar ucN)
{
  switch (ucN)
  {
    case 0: while(LCD1602BY&0x80);break;
    case 1: while(LCD1602BBY&0x80);break;
  }
}
void vWRC(uchar ucN,uchar CMD)
{
  switch (ucN)
```

```
      {
        case 0:CheckBusy(0);LCD1602C = CMD;break;
        case 1:CheckBusy(1);LCD1602CB = CMD;break;
      }
    }


    void vWRD(uchar ucN,uchar ucD)
    {
      switch (ucN)
      {
        case 0:CheckBusy(0);LCD1602D = ucD;break;
        case 1:CheckBusy(1);LCD1602DB = ucD;break;
      }
    }


    void vInitLCD1602(uchar ucN)
    {
      switch (ucN)
      {
        case 0:vWRC(0,0x0C);break;
        case 1:vWRC(1,0x0C);break;
      }
    }


    void vLCD1602Str(uchar x,uchar y,uchar * ucD,uchar ucN)
    {
      unsigned char ucAdd[ ] = {0x00,0x40};
      if(ucN == 0)
      {vWRD(0,ucAdd[x] + y);
       while ( * ucD)
        {
          vWRD(0, * ucD);
            ucD++;
        }
       }
      if(ucN == 1)
      {vWRD(1,ucAdd[x] + y);
       while ( * ucD)
        {
          vWRD(1, * ucD);
            ucD++;
        }
       }
```

```
}

void main()
{
  unsigned char ucD;
  vInitLCD1602(0);
  vInitLCD1602(1);
  while(1)
  {
    vLCD1602Str(0,0,"THE WORLD!",0); vDelay(6000);
    vLCD1602Str(0,0,"HI",1); vDelay(6000);
  }
}
```

22.10 矩阵键盘

微课视频

1. 实验目的
掌握矩阵式键盘接口和程序设计方法。

2. 实验内容
设计 4×4 矩阵键盘。将键盘的 4 条行线、4 条列线与单片机 P1 口相连,编写按键检测程序,将按键键值在七段 LED 显示器上显示出来,见图 22-11。

3. 参考电路
键盘接口电路如图 22-11 所示。

4. 参考程序

```
#include <reg51.h>
void vDelay(unsigned int uiT)
{
  while(uiT--);
}
unsigned char ScanKey(void)
{
  unsigned char ucL,ucR,ucK;
  P1 = 0xF0;
  if((P1&0xf0) == 0xf0)
    {return 0;}
  vDelay(100);                      //消抖
  if((P1&0xf0) == 0xf0)
    {return 0;}
  ucL = 0xfe;
  while((ucL&0x10)!= 0)
```

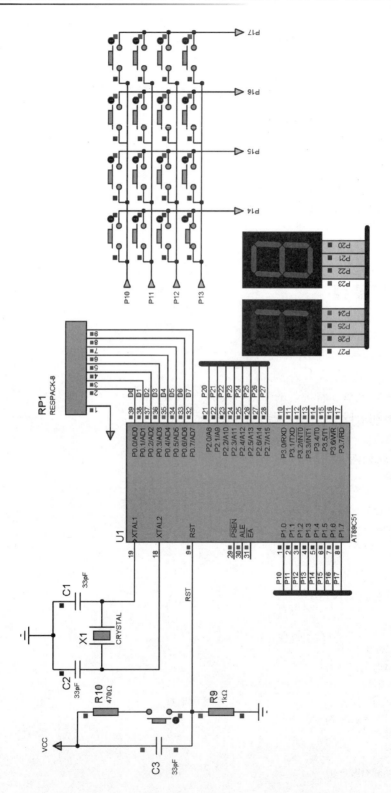

图 22-11 键盘接口电路

```
    {
        P1 = ucL;
        if((P1&0xf0)!= 0xf0)
          {
            ucR = (P1&0xf0)|0x0f;
              ucK = (~ucL) + (~ucR);
              P1 = 0xf0;
              while((P1&0xf0)!= 0xf0);
              return ucK;                 //返回键值
          }
        else
          ucL = (ucL << 1)|0x01;
      }
    return 0;
}

void main(void)
{
    unsigned char ucD;
    while(1)
    {
        ucD = ScanKey();
        P2 = ucD;
    }
}
```

22.11 直流电机

1. 实验目的
掌握直流电机接口和控制程序设计方法。

2. 实验内容
用 8255A 作为并行输出接口,用 8 位 DAC0808 作为模拟量输出通道,驱动直流电机。利用 PWM 调节输出电压,从 0~5V 逐渐增大,电机从停止到开始慢转动,至最高速转动。

在程序中实现 PWM 调整,占空比从 0~100% 连续变化。可利用示波器观察输出模拟量波形占空比。

8255A 片选信号连接 $\overline{Y12}$,确定端口 A、B、C 和控制口地址分别为 C000H、C001H、C002H 和 C003H。

3. 参考电路
步进电机/直流电机实验电路如图 22-12 所示。

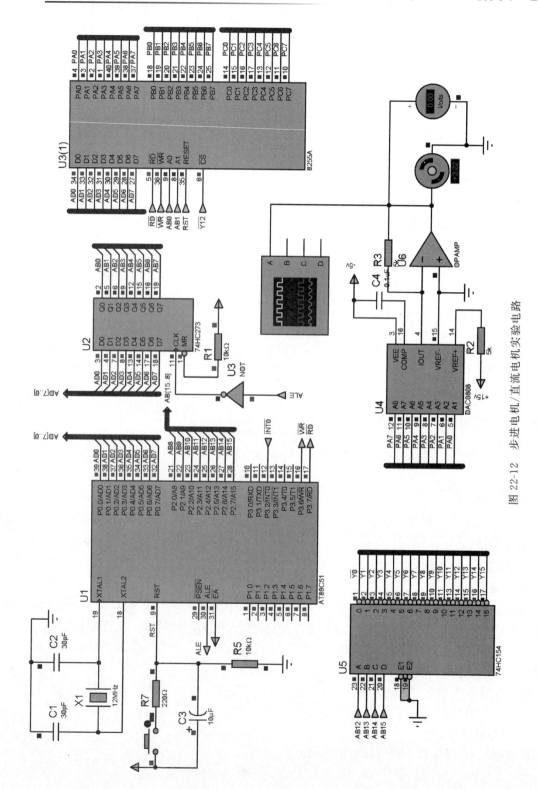

图 22-12　步进电机/直流电机实验电路

4.参考程序

```
#include "reg51.h"
#include <absacc.h>
#define uchar unsigned char
#define uint unsigned int

#define P1A8255 XBYTE[0xC000]        //Y12
#define P1B8255 XBYTE[0xC001]
#define P1C8255 XBYTE[0xC002]
#define P1COM8255 XBYTE[0xC003]

void vDelay(unsigned int uiT)
{
  while(uiT--);
}

void vWRDAC0832(unsigned char ucD)
{
    P1A8255 = ucD;
}

void main()
{
  unsigned int i;
  P1COM8255 = 0x80;
  while(1)
  {
  for(i = 0;i < 1000;i++)
  {
    vWRDAC0832(255);vDelay(i*60);        //最大值255,i占空比为(i*60)/6000
    vWRDAC0832(0);vDelay(60000-i*60);    //最小值0
  }
  }
}
```

22.12　ADC0809

微课视频

1.实验目的
掌握 ADC0809 接口和程序设计方法。

2.实验内容
用 ADC0809 采集滑动变阻器的当前电压值并显示。

3.参考电路
参考电路见图 22-13。

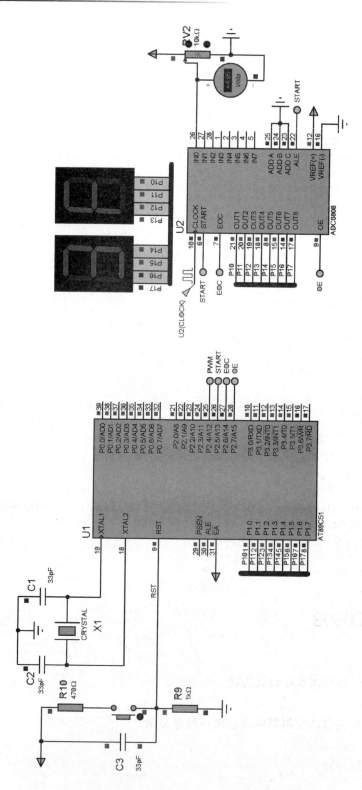

图 22-13 ADC0809 实验电路

4. 参考程序

```
#include <AT89X52.h>
#include <absacc.h>
sbit EOC = P2^6;
sbit ST = P2^5;
sbit OE = P2^7;
void vDelay(unsigned int uiT)
{
  while(uiT--);
}
unsigned char vADC0809()
{
    unsigned char ucD;
    ST = 0;ST = 1;ST = 0;
    while(!EOC);
    OE = 1;
    ucD = P1;
    return ucD;
}
void main(void)
{
    while(1)
    {
      P3 = vADC0809();
    }
}
```

22.13 DAC0832

微课视频

1. 实验目的

掌握 DAC 接口设计和编程方法。

2. 实验内容

用 DAC0832 产生三角波、锯齿波、正弦波。

3. 参考电路

参考电路见图 22-14。

4. 参考程序

```
#include <AT89X52.h>
#include <absacc.h>
#define DAC0832 XBYTE[0x0000]        //端口地址 0x0000
void vDelay(unsigned int uiT)
{
  while(--uiT);
```

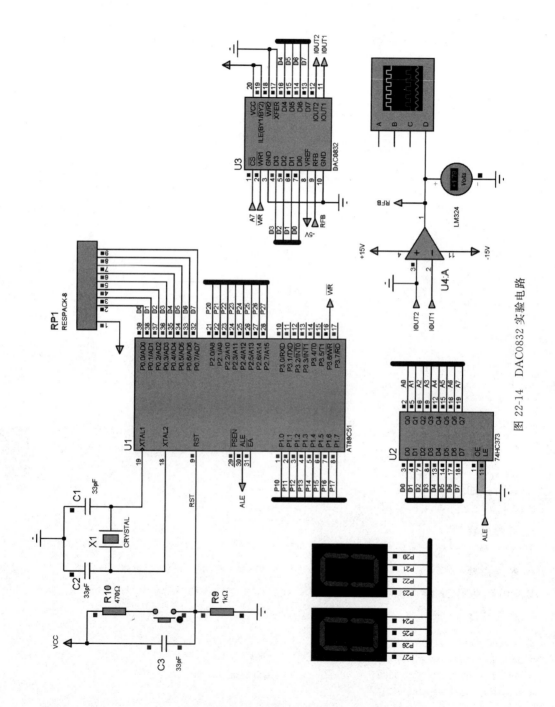

图 22-14 DAC0832 实验电路

```
}
void vStair()
{
  unsigned int i;
  for(i = 0;i < 200;i++)
  {
    DAC0832 = i;
  }
}
void vTriangle()
{
  unsigned int i;
  for(i = 0;i < 100;i++)
  {
    DAC0832 = i;P2 = i;
  }
  for(i = 100;i > 0;i-- )
  {
    DAC0832 = i;P2 = i;
  }
}

void vTrape()
{
  unsigned int i;
  for(i = 0;i < 100;i++)
  {
    DAC0832 = i;P2 = i;
  }
  for(i = 0;i < 50;i++)
  {
    DAC0832 = 50;P2 = i;
  }
  for(i = 100;i > 0;i-- )
  {
    DAC0832 = i;P2 = i;
  }
}
void main(void)
{
    unsigned char i;
    while(1)
    {
    for(i = 0;i < 100;i++)
        {vStair();}
    for(i = 0;i < 100;i++)
        {vTriangle();}
```

```
    for(i = 0;i < 100;i++)
        {vTrape();}
    vDelay(200);
    }
}
```

22.14　IIC 总线

1. 实验目的
掌握 IIC 总线原理、接口和程序设计方法。

2. 实验内容
设计 IIC 总线器件 AT24C02 接口，编程实现 AT24C02 数据读写。AT24C02 硬件地址 A2A1A0＝000。

3. 参考电路
参考电路见图 22-15。

4. 参考程序

```c
//IIC.H
 # ifndef __i2c_h__
# define __i2c_h__

extern unsigned char ATbuf;
extern void vDelay(unsigned int uiT);
extern void IICstart(void);
extern void IICstop(void);
extern void Write1Byte(unsigned char Buf1);
extern unsigned char Read1Byte(void);
extern void WriteAT24C02(unsigned char Address,unsigned char Databuf);
extern unsigned ReadAT24C02(unsigned char Address);
# endif
//I2C.C
# include < AT89X52.h >
# include < Intrins.h >
# include "i2c.h"
sbit SCL = P1^5;
sbit SDA = P1^4;

unsigned char ATbuf;
void vDelay(unsigned int uiT)
{
    while(uiT -- );
}
void IICstart(void)
{
```

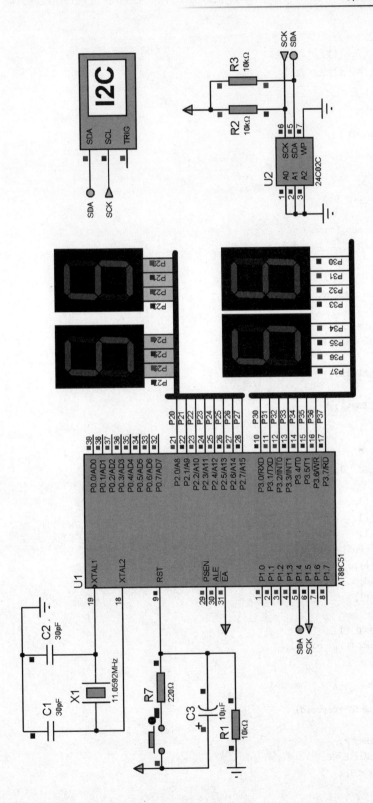

图 22-15 IIC 接口实验电路

```c
    SDA = 1; SCL = 1;
    _nop_(); _nop_();
    SDA = 0; _nop_(); _nop_();
    SCL = 0;
}

void IICstop(void)
{
    SDA = 0;
    SCL = 1;
    _nop_(); _nop_();
    SDA = 1;
    _nop_(); _nop_();
    SCL = 0;
}

void Write1Byte(unsigned char Buf1)
{
    unsigned char k;
    for(k = 0;k < 8;k++)
    {
        if(Buf1&0x80)
        {
            SDA = 1;
        }
        else
        {
            SDA = 0;
        }
        _nop_();
        _nop_();
        SCL = 1;
        Buf1 = Buf1 << 1;
        _nop_();
        SCL = 0;
        _nop_();
    }
    SDA = 1; _nop_();
    SCL = 1; _nop_(); _nop_();
    SCL = 0;
}

unsigned char Read1Byte(void)
{
    unsigned char k;
    unsigned char t = 0;
    for(k = 0;k < 8;k++)
```

```
    {
        t = t << 1;
        SDA = 1;
        SCL = 1;
        _nop_(); _nop_();
        if(SDA == 1)
        {
            t = t|0x01;
        }
        else
        {
            t = t&0xfe;
        }
        SCL = 0; _nop_(); _nop_();
    }
    return t;
}


void WriteAT24C02(unsigned char Address,unsigned char Databuf)
{
    IICstart();
    Write1Byte(0xA0);
    Write1Byte(Address);
    Write1Byte(Databuf);
    IICstop();
}


unsigned ReadAT24C02(unsigned char Address)
{
    unsigned char buf;
    IICstart();
    Write1Byte(0xA0);
    Write1Byte(Address);
    IICstart();
    Write1Byte(0xA1);
    buf = Read1Byte();
    IICstop();
    return(buf);
}
//MAIN.C
# include < AT89X52.h >
# include < Intrins.h >
# include "i2c.h"


void main(void)
{
    unsigned char ucD = 0x55;
```

```
    P2 = ucD;                          //显示 0x55
    ucD = ucD + 1;                     //加 1 写入
    WriteAT24C02(0x18,ucD);
    vDelay(1000);
    ucD = ReadAT24C02(0x18);           //读出
    P3 = ucD;                          //显示
    while(1);
}
```

22.15 分时通信与显示

1. 实验目的

利用 CD4053 将 8051 仅有的一个串行通信端口扩展成 2 路串行输出，一路用于通信，另一路用于串行 LCD1602 显示。

2. 实验内容

CD4053 为 3 路 2 通道数据选择开关，封装及引脚见图 22-16，引脚定义见表 22-7。

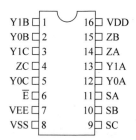

图 22-16 CD4053 封装及引脚

表 22-7 CD4053 引脚功能

引脚号	引脚名	说　明	引脚号	引脚名	说　明
1	Y1B	独立输入/输出端	9	SC	选择输入端
2	Y0B	独立输入/输出端	10	SB	选择输入端
3	Y1C	独立输入/输出端	11	SA	选择输入端
4	ZC	公共输入/输出端	12	Y0A	独立输入/输出端
5	Y0C	独立输入/输出端	13	Y1A	独立输入/输出端
6	$\overline{E}$	使能输入	14	ZA	公共输入/输出端
7	VEE	负电源电压	15	ZB	公共输入/输出端
8	VSS	地	16	VDD	电源

当使能信号 $\overline{E}$ 无效时，所有输入/输出处于高阻关断状态。

当使能信号 $\overline{E}$ 有效时，两个开关 Y0n 与 Y1n 中的一个被 Sn 选通，连接到公共端 Zn，其中 n＝A/B/C。

3. 参考电路

利用 CD4053 实现分时通信与显示接口电路见图 22-17，P1.0 连接 CD4053 的通道 0 选择端 A，当 P1.0＝0 时选择串行 LCD1602 输出，显示字符串"36210！"。当 P1.0＝1 时选择串行通信输出，向虚拟终端发送字符串"HI，THE WORLD！"。

仿真结果见图 22-18。

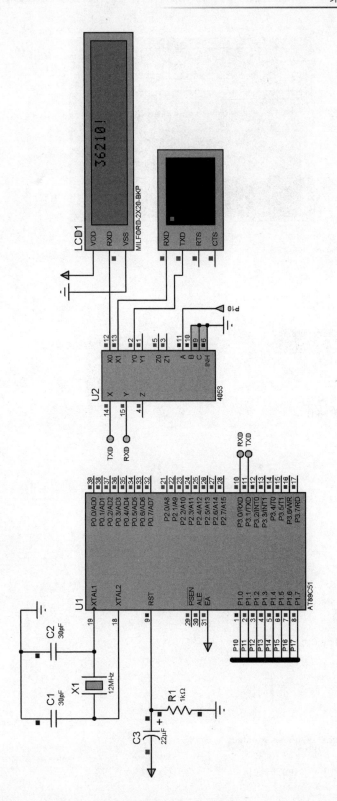

图 22-17 分时通信与显示

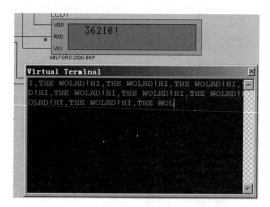

图 22-18　仿真结果

4. 参考程序

```c
#include "reg51.h"
sbit SW = P1^0;
typedef unsigned char   uchar;
typedef unsigned int    uint;

void delayms(uint);

void putcLCD(uchar ucD)
{
  SBUF = ucD;
  while(!TI);
  TI = 0;
}

uchar GetcLCD()
{
  while(!RI);
  RI = 0;
  return SBUF;
}

void vWRLCDCmd(uchar Cmd)
{
  putcLCD(0xfe);
  putcLCD(Cmd);
}

void LCDShowStr(uchar x, uchar y, uchar * Str)
{
  uchar code DDRAM[] = {0x80, 0xc0};
```

```
    uchar i;
    vWRLCDCmd(DDRAM[x]|y);
    i = 0;
    while(Str[i]!= '\0')
      {
          putcLCD(Str[i]);i = i++;
          delayms(10);
      }
}


void UARTStr(uchar * Str)
{
    uchar i = 0;
    while(Str[i]!= '\0')
      {
          putcLCD(Str[i]);i = i++;
          delayms(10);
      }
}
void main(void)
{
    uchar ucD,i,ucT[ ] = {0x0d,0x0a};
    TMOD = 0x20;
    TH1 = 0xFD;
    TL1 = 0xFD;
    SCON = 0x50;
    RI = 0;TI = 0;TR1 = 1;delayms(10);
    while(1)
      {
          i = (i + 1) % 10;
          SW = 0;                          // 串行 LCD1602 显示
          vWRLCDCmd(0x01);delayms(100);
          LCDShowStr(0,i,"36210! "); delayms(10000);
          SW = 1;                          //串行通信
          UARTStr("HI,THE WOLRD!");
      }
}
```

22.16 USB 接口扩展

1. 实验目的

利用 USB 转换芯片 CH340 将单片机的串行通信端口升级到 USB 总线标准,便于与 PC 及其他 USB 设备连接。

2. 实验内容

CH340 是 USB 总线接口芯片,实现 USB 总线标准与串口总线标准的转换,可提供常用的

MODEM 联络信号,用于为计算机扩展异步串口,或者将普通串口设备升级到 USB 总线。

基本特性:

① 全速 USB 设备接口,兼容 USB V2.0,外围元器件只需要晶体和电容。

② 仿真标准串口,用于升级原串口外围设备,或者通过 USB 增加额外串口。

③ 计算机端 Windows 操作系统下的串口应用程序完全兼容。

④ 硬件全双工串口,内置收发缓冲区,支持通信波特率 50b/s~2Mb/s。

⑤ 支持常用的 MODEM 联络信号 RTS、DTR、DCD、RI、DSR、CTS。

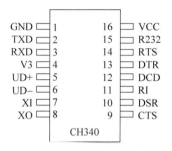

图 22-19　CH340 引脚

⑥ 通过外加电平转换器件,提供 RS-232、RS-485、RS-422 等接口。

⑦ 支持 IrDA 规范 SIR 红外线通信,支持波特率 2400~115200b/s。

⑧ 软件兼容 CH341,可以直接使用 CH341 的驱动程序。

⑨ 支持 5V 电源电压和 3.3V 电源电压。

CH340 引脚和定义分别见图 22-19 和表 22-8。

表 22-8　CH340 引脚定义

引脚号	引脚名称	类型	说　明
16	VCC	电源	正电源输入端,需要外接 0.1μF 电源退耦电容
1	GND	电源	公共接地端,直接连到 USB 总线的地线
4	V3	电源	5V 电源电压时,外接容量为 0.01μF 电容退耦电容
7	XI	输入	晶体振荡的输入端,需要外接晶体及振荡电容
8	XO	输出	晶体振荡的反相输出端,需要外接晶体及振荡电容
5	UD+	USB信号	直接连到 USB 总线的 D+ 数据线
6	UD−	USB信号	直接连到 USB 总线的 D− 数据线
2	TXD	输出	串行数据输出
3	RXD	输入	串行数据输入,内置可控的上拉和下拉电阻
9	CTS♯	输入	MODEM 联络输入信号,清除发送,低(高)有效
10	DSR♯	输入	MODEM 联络输入信号,数据装置就绪,低(高)有效
11	RI♯	输入	MODEM 联络输入信号,振铃指示,低(高)有效
12	DCD♯	输入	MODEM 联络输入信号,载波检测,低(高)有效
13	DTR♯	输出	MODEM 联络输出信号,数据终端就绪,低(高)有效
14	RTS♯	输出	MODEM 联络输出信号,请求发送,低(高)有效
15	R232	输入	辅助 RS232 使能,高电平有效,内置下拉电阻

CH340 内置上拉电阻,UD+ 和 UD− 引脚直接连接到 USB 总线。

CH340 内置上电复位电路。正常工作时需要外部向 XI 引脚提供 12MHz 的时钟信号。一般情况下,时钟信号由内置的反相器通过晶体稳频振荡产生。外围电路需要在 XI 和 XO 引脚之间连接一个 12MHz 晶体,XI 和 XO 引脚对地连接振荡电容。

异步串口方式下引脚包括数据传输引脚、MODEM 联络信号引脚、辅助引脚。

数据传输引脚包括 TXD 引脚和 RXD 引脚。串口输入空闲时,RXD 应该为高电平,如果 R232 引脚为高电平启用辅助 RS232 功能,那么 RXD 引脚内部自动插入一个反相器,默认为低电平。

3. 参考电路

1)USB 转 RS232C 接口

CH340 提供了常用的串口信号及 MODEM 信号,通过电平转换电路将 TTL 串口转换为 RS232 串口,电路见图 22-20。

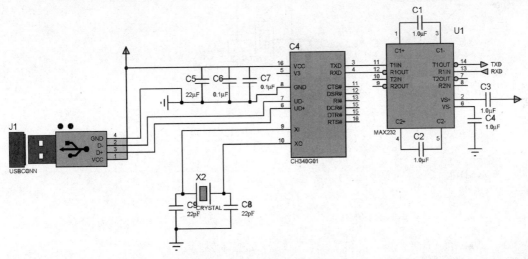

图 22-20 USB 转 RS232C 接口

2)SB 转 TTL 串口

接口原理电路见图 22-21。信号线只连接 RXD、TXD 以及公共地线,其他未用信号线悬空。Proteus 7.0 无 USB 及 CH340 仿真模型。

4. 参考程序

程序与 RS232/TTL 串口通信程序完全相同。

```c
#include <reg51.h>
void vDelay(unsigned int uiT)
{
    while(uiT--);
}
unsigned char ucD[] = {'3','6','2','1','0',0x0d,0x0a,0x00};
void main()
{
    unsigned char i;
    TMOD = 0x20;                    //11.0952MHz,波特率 9600,方式 1
    TL1 = 0xfd;TH1 = 0xfd;
    SCON = 0xd8;PCON = 0x00;
```

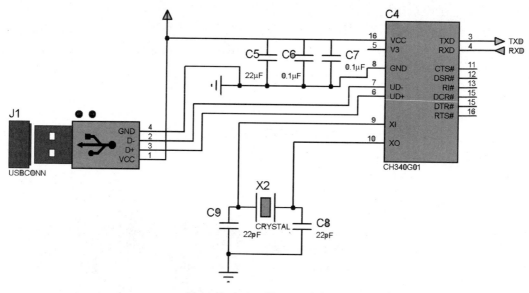

图 22-21　USB 转 TTL 串行口

```
TR1 = 1;
while(1)
{
 i = 0;
 while(ucD[ i]!= 0x00)
 {
   SBUF = ucD[ i];                        //循环发送
   while(TI == 0);
   TI = 0;
   i++;
 }
 vDelay(1000);
 }
}
```

微课视频

22.17　实时时钟（LCD1602＋DS1302）

1. 实验目的

掌握液晶显示器 LCD1602 和实时时钟芯片 DS1302 接口和程序设计方法。

2. 实验内容

DS1302 为常用实时时钟芯片,可用于多种应用系统中,其程序被封装在 DS1302. C 和 DS1302. H 文件中,按照本例将文件 DS1302. C 和 DS1302. H 添加在工程文件中即可调用 DS1302 相关函数。

3. 参考电路

参考电路见图 22-22。

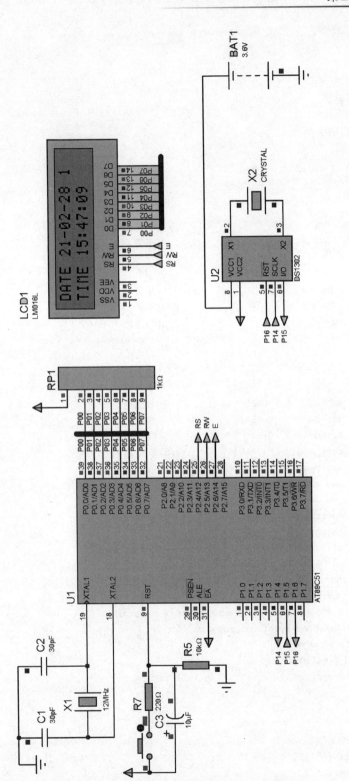

图 22-22 参考电路

4. 参考程序

```c
//DS1302.H
#ifndef __DS1302_H__
#define __DS1302_H__
#include <reg52.h>
#include <intrins.h>

sbit SCK = P1^4;
sbit SDA = P1^5;
sbit RST = P1^6;
//复位脚
#define RST_CLR   RST = 0               //电平置低
#define RST_SET   RST = 1               //电平置高

//双向数据
#define IO_CLR   SDA = 0                //电平置低
#define IO_SET   SDA = 1                //电平置高
#define IO_R   SDA                      //电平读取

//时钟信号
#define SCK_CLR   SCK = 0               //时钟信号
#define SCK_SET   SCK = 1               //电平置高
#define ds1302_sec_add      0x80        //秒数据地址
#define ds1302_min_add      0x82        //分数据地址
#define ds1302_hr_add      0x84         //时数据地址
#define ds1302_date_add     0x86        //日数据地址
#define ds1302_month_add    0x88        //月数据地址
#define ds1302_day_add      0x8a        //星期数据地址
#define ds1302_year_add     0x8c        //年数据地址
#define ds1302_control_add  0x8e        //控制数据地址
#define ds1302_charger_add  0x90
#define ds1302_clkburst_add     0xbe

extern unsigned char time_buf1[8];      //空年、月、日、时、分、秒、周
extern unsigned char time_buf[8];       //空年、月、日、时、分、秒、周
void Ds1302_Write_Byte(unsigned char addr, unsigned char d);
unsigned char Ds1302_Read_Byte(unsigned char addr);
void Ds1302_Write_Time(void);
void Ds1302_Read_Time(void);
void Ds1302_Init(void);
#endif
//DS1302.C

#include "ds1302.h"
unsigned char time_buf1[8] = {20,10,6,5,12,55,00,6};    //空年、月、日、时、分、秒、周
unsigned char time_buf[8];
```

```c
void Ds1302_Write_Byte(unsigned char addr, unsigned char d)
{
    unsigned char i;
    RST_SET;
        //写入目标地址:addr
    addr = addr & 0xFE;                              //最低位置0
    for (i = 0; i < 8; i ++)
        {
        if (addr & 0x01)
            {
            IO_SET;
            }
        else
            {
            IO_CLR;
            }
        SCK_SET;
        SCK_CLR;
        addr = addr >> 1;
        }
    //写入数据:d
    for (i = 0; i < 8; i ++)
        {
        if (d & 0x01)
            {
            IO_SET;
            }
        else
            {
            IO_CLR;
            }
        SCK_SET;   SCK_CLR;
        d = d >> 1;
        }
    RST_CLR;                                         //停止 DS1302 总线
}
unsigned char Ds1302_Read_Byte(unsigned char addr)
{
    unsigned char i;
    unsigned char temp;
    RST_SET;
    //写入目标地址:addr
    addr = addr | 0x01;                              //最低位置高
    for (i = 0; i < 8; i ++)
        {
        if (addr & 0x01)
            {
            IO_SET;
            }
        else
```

```
                    {
                    IO_CLR;
                    }
            SCK_SET;
            SCK_CLR;
            addr = addr >> 1;
            }
        //输出数据:temp
        for (i = 0; i < 8; i ++)
            {
            temp = temp >> 1;
            if (IO_R)
                {
                temp | = 0x80;
                }
            else
                {
                temp & = 0x7F;
                }
            SCK_SET;
            SCK_CLR;
            }
        RST_CLR;                                        //停止 DS1302 总线
        return temp;
        }
void Ds1302_Write_Time(void)
{
        unsigned char i,tmp;
        for(i = 0;i < 8;i++)
            {                                           //BCD 处理
            tmp = time_buf1[i]/10;
            time_buf[i] = time_buf1[i] % 10;
            time_buf[i] = time_buf[i] + tmp * 16;
            }
        Ds1302_Write_Byte(ds1302_control_add,0x00);     //关闭写保护
        Ds1302_Write_Byte(ds1302_sec_add,0x80);         //暂停
        //Ds1302_Write_Byte(ds1302_charger_add,0xa9);   //涓流充电
        Ds1302_Write_Byte(ds1302_year_add,time_buf[1]); //年
        Ds1302_Write_Byte(ds1302_month_add,time_buf[2]); //月
        Ds1302_Write_Byte(ds1302_date_add,time_buf[3]); //日
        Ds1302_Write_Byte(ds1302_day_add,time_buf[7]);  //周
        Ds1302_Write_Byte(ds1302_hr_add,time_buf[4]);   //时
        Ds1302_Write_Byte(ds1302_min_add,time_buf[5]);  //分
        Ds1302_Write_Byte(ds1302_sec_add,time_buf[6]);  //秒
        Ds1302_Write_Byte(ds1302_day_add,time_buf[7]);  //周
        Ds1302_Write_Byte(ds1302_control_add,0x80);     //打开写保护
        }
void Ds1302_Read_Time(void)
{
        unsigned char i,tmp;
```

```
    time_buf[1] = Ds1302_Read_Byte(ds1302_year_add);        //年
    time_buf[2] = Ds1302_Read_Byte(ds1302_month_add);       //月
    time_buf[3] = Ds1302_Read_Byte(ds1302_date_add);        //日
    time_buf[4] = Ds1302_Read_Byte(ds1302_hr_add);          //时
    time_buf[5] = Ds1302_Read_Byte(ds1302_min_add);         //分
    time_buf[6] = (Ds1302_Read_Byte(ds1302_sec_add))&0x7F;  //秒
    time_buf[7] = Ds1302_Read_Byte(ds1302_day_add);         //周
    for(i = 0;i < 8;i++)
        {                                                   //BCD 处理
        tmp = time_buf[i]/16;
        time_buf1[i] = time_buf[i] % 16;
        time_buf1[i] = time_buf1[i] + tmp * 10;
        }
}
void Ds1302_Init(void)
{
    RST_CLR;                                                //RST 脚置低
    SCK_CLR;                                                //SCK 脚置低
    Ds1302_Write_Byte(ds1302_sec_add,0x00);
}
```

22.18 和弦合成器

微课视频

1. 频率与声音

音乐由许多不同的音阶组成,每个音阶具有确定的频率。C 调基本音阶标称频率见表 22-9。

表 22-9 C 调基本音阶标称频率

音阶	1	2	3	4	5	6	7	1 *
低频率/Hz	262	294	330	347	392	440	494	524
高频率/Hz	524	588	660	698	784	880	988	1024

C 大调基本和弦音阶组成见表 22-10。

表 22-10 C 大调基本和弦音阶组成

	C	Dm	Em	F	G	Am	G7
	1	2	3	4	5	6	5
组合音阶	3	4	5	6	7	1	7
	5	6	7	1	2	3	2
							4

根据表 22-10,C 大调和弦最多需要 4 个组合音阶。

设计由 8 个扬声器组成的阵列,根据和弦合成规律,可同时驱动发出多个不同频率的音阶,形成和弦效果。

C 调各音阶由片内定时/计数器 CT0 产生。初始化片内定时/计数器为定时工作方式 1,产生 5000Hz 基准频率,然后 CT0 定时/计数到中断处理程序中,采用软件的方法,产生 C 调的 7 个基本音阶,通过 P1 端口输出驱动扬声器。

根据输入的和弦名,根据 C 大调和弦组合规律,利用 P2 口控制开关与阵列,控制相应音阶扬声器的开关,驱动扬声器输出相应音阶,形成和弦效果,实现和弦合成器功能。

C 大调和弦合成器接口电路如图 22-23 所示,由扬声器阵列、开关阵列和按键组成。

2.接口电路

1)按键

键盘提供输入按键输入,按键定义为 C 调的 7 个和弦名,用按键 KEY1～KEY7 分别代表 C 大调的 7 个和弦名,见表 22-11。

表 22-11　键盘定义

键名	KEY1	KEY2	KEY3	KEY4	KEY5	KEY6	KEY7
C 和弦名	C	Dm	Em	F	G	Am	G7

2)开关阵列

开关阵列由 8 个二输入与非门组成,开关阵列信号定义见表 22-12。

表 22-12　开关阵列控制信号定义

控制信号名	功　能	控制信号名	功　能
P10	基准频率信号	P20	扬声器开关信号:0—关闭,1—打开
P11	C(1)音阶信号	P21	C(1)音阶开关:0—关闭,1—打开
P12	D(2)音阶信号	P22	D(2)音阶开关:0—关闭,1—打开
P13	E(3)音阶信号	P23	E(3)音阶开关:0—关闭,1—打开
P14	F(4)音阶信号	P24	F(4)音阶开关:0—关闭,1—打开
P15	G(5)音阶信号	P25	G(5)音阶开关:0—关闭,1—打开
P16	A(6)音阶信号	P26	A(6)音阶开关:0—关闭,1—打开
P17	B(7)音阶信号	P27	B(7)音阶开关:0—关闭,1—打开
SP0	扬声器 0 驱动	SP4	扬声器 4 驱动
SP1	扬声器 1 驱动	SP5	扬声器 5 驱动
SP2	扬声器 2 驱动	SP6	扬声器 6 驱动
SP3	扬声器 3 驱动	SP7	扬声器 7 驱动

3)扬声器阵列

扬声器阵列由 8 个扬声器组成,其中 SP0 用于测试基频信号,SP1～SP7 分别发出 C 大调的 7 个基本音阶。连接上拉电阻,增大驱动能力,改善声音效果。

扬声器信号用数字示波器显示与调试。

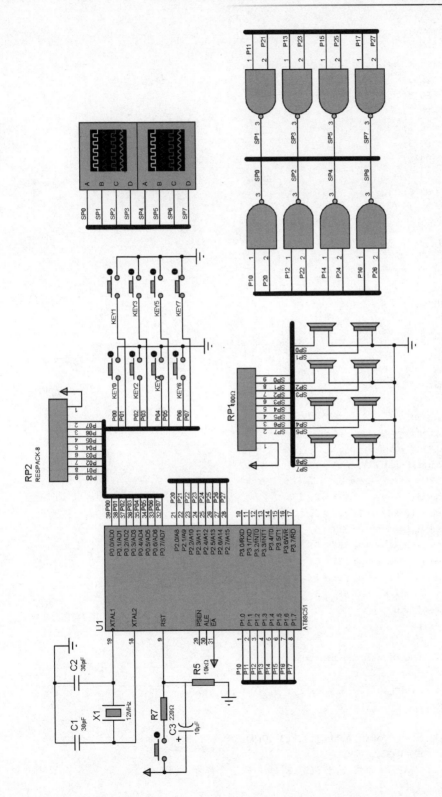

图 22-23 和弦合成器接口电路

3. 参考程序

```c
#include <REG51.h>
sbit BEEP = P2^4;
sbit P1key = P0^0;
sbit P2key = P0^1;
sbit P3key = P0^2;
sbit P4key = P0^3;
sbit P5key = P0^4;
sbit P6key = P0^5;
sbit P7key = P0^6;
sbit P8key = P0^7;

sbit BF0 = P1^0;
sbit BF1 = P1^1;
sbit BF2 = P1^2;
sbit BF3 = P1^3;
sbit BF4 = P1^4;
sbit BF5 = P1^5;
sbit BF6 = P1^6;
sbit BF7 = P1^7;

unsigned char ucTH, ucTL;
bit KeyF;
unsigned char ucKD;
unsigned char ucKey()
{
        unsigned char KEY;
        if(P1key == 0) KEY = 1;
        else if(P2key == 0) KEY = 2;
        else if(P3key == 0) KEY = 3;
        else if(P4key == 0) KEY = 4;
        else if(P5key == 0) KEY = 5;
        else if(P6key == 0) KEY = 6;
        else if(P7key == 0) KEY = 7;
        else if(P8key == 0) KEY = 8;
        else KEY = 0;
    return KEY;
}
unsigned char vChord(unsigned char ucKey)
{
  unsigned char ucD = 0;
  switch (ucKey)
  {
    case 1:        //C 和弦,输出 C(1)、E(3)、G(5)三个音阶,P2 = 0x2a
            ucD = 0x2a; break;
    case 2:        //Dm 和弦,输出 D(2)、F(4)、A(6)三个音阶,P2 = 0x74
```

```
                    ucD = 0x74;break;
        case 3:          //Em 和弦,输出 E(3)、G(5)、B(7)三个音阶,P2 = 0xA8
                    ucD = 0xA8;break;
        case 4:          //F 和弦,输出 F(4)、A(6)、C(1)三个音阶,P2 = 0x52
                    ucD = 0x52;break;
        case 5:          //G 和弦,输出 G(5)、B(7)、D(2)三个音阶,P2 = 0xA4
                    ucD = 0xA4;break;
        case 6:          //Am 和弦,输出 A(6)、C(1)、E(3)三个音阶,P2 = 0x4A
                    ucD = 0x4A;break;
        case 7:          //G7 和弦,输出 G(5)、B(7)、D(2)、F(4)四个音阶,P2 = 0xB4
                    ucD = 0xB4;KeyF = 1;break;
        default:         //全部扬声器关闭
                    ucD = 0x00;break;
    }
        return ucD;
}
void Timer0(void) interrupt 1
{
        static unsigned int uiB;
        uiB = (uiB + 1) % 60000;
        BF0 = ～BF0;
        if(uiB % 191 == 0) //C
            BF1 = ～BF1;
        if(uiB % 170 == 0) //D
            BF2 = ～BF2;
        if(uiB % 152 == 0) //E
            BF3 = ～BF3;
        if(uiB % 144 == 0) //F
            BF4 = ～BF4;
        if(uiB % 128 == 0) //G
            BF5 = ～BF5;
        if(uiB % 114 == 0) //A
            BF6 = ～BF6;
        if(uiB % 101 == 0) //B
            BF7 = ～BF7;
        ucTH = (65536 - 10)/256;              //基准频率 50000Hz
        ucTL = (65536 - 10) % 256;
}

void main(void)
{
        unsigned char ucD;
        ucTH = (65536 - 10)/256;              //基准频率 50000Hz
        ucTL = (65536 - 10) % 256;
        TMOD& = 0xF0;                         //CT0 方式 1
        TMOD| = 0x01;                         //16 位定时,加 1 计数
        TH0 = ucTH;
```

```
        TL0 = ucTL;
        TR0 = 1;                          //启动定时器 0
        ET0 = 1;                          //Timer0 中断允许
        EA = 1;                           //开全局中断
        while(1)
        {
          ucD = ucKey();
          ucD = vChord(ucD);
          P2 = ucD;                       //开关阵列控制信号
        }
}
```

微课视频

22.19 动态显示

1. 实验目的
理解动态显示原理及用定时/计数器实现动态显示的程序设计方法。

2. 实验内容
用片内定时/计数器，控制 8 位七段 LED 显示器动态显示两组数据，模拟定时采样，低 4 位显示秒计数，每 100s 采样 1 次，高 3 位显示采样次数。

3. 参考电路
8 位七段 LED 显示模块 ABCDEFG 为段码，12345678 引脚为位控制码，参考电路见图 22-24。

4. 参考程序

```c
# include "reg51.h"
# include < absacc.h >
unsigned char code LED[10] = {0x3F,0x06,0x5B,0x4F,0x66,0x6D,0x7D, 0x07,0x7F,0x6F};
void vDelay(unsigned int uiT )
{
  while(uiT -- ) ;
}

void Timer0Init()
{
    TMOD = 0x01;
    TL0 = 0xFF;                        //设置定时器 2 初值低 8 位
    TH0 = 0x4B;                        //设置定时器 2 初值高 8 位
    TR0 = 1;                           //启动定时器 2
    ET0 = 1;                           //Timer2 中断允许
    EA = 1;                            //开全局中断
}

void LedsShow8(unsigned long ulT,unsigned long ulS)
```

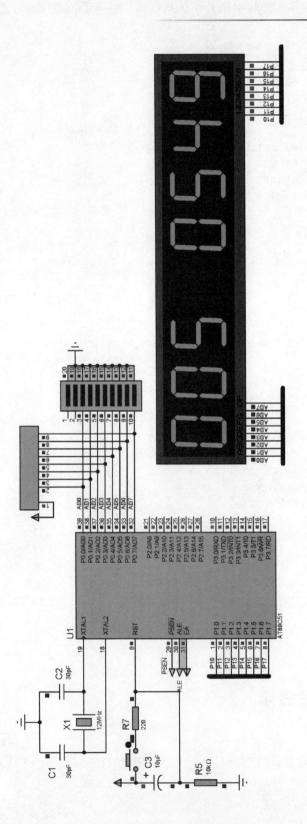

图 22-24 动态显示参考电路

```
    {
        unsigned char ucData8[8], i, ucBit = 0x01;
        ucData8[0] = (ulS/100) % 10;              //高 3 位
        ucData8[1] = (ulS/10) % 10;
        ucData8[2] = (ulS/1) % 10;
        ucData8[3] = 0xff;                        //(ulT/1) % 10; //分隔,不显示
        ucData8[4] = (ulT/1000) % 10;             //低 4 位
        ucData8[5] = (ulT/100) % 10;
        ucData8[6] = (ulT/10) % 10;
        ucData8[7] = (ulT/1) % 10;
        //显示低 4 位
        for(i = 4; i < 8; i++)
          {
            P0 = LED[ucData8[i]]; P1 = ～(ucBit << i); vDelay(0x80); P1 = 0xff;
          }
        //显示高 3 位
        for(i = 0; i < 4; i++)
          {
            P0 = LED[ucData8[i]]; P1 = ～(ucBit << i); vDelay(0x80); P1 = 0xff;
          }
    }

    void Timer0(void) interrupt 1
    {
        static unsigned int uiT, uiM;
        uiT = (uiT + 1) % 10000;
        if(uiT % 100 == 0)
            {uiM = (uiM + 1) % 1000;}
        LedsShow8(uiT, uiM);                      //显示
        TL0 = 0x8F;
        TH0 = 0x8F;
    }

    void main(void)
    {
        Timer0Init();
        while(1);
    }
```

微课视频

22.20 LED 点阵显示

1. 实验目的

掌握 LED 点阵显示原理,掌握利用定时/计数器和 74HC595 驱动 LED 点阵动态显示
接口和程序设计方法。

2. 实验内容

利用片内定时/计数器中断产生周期刷新信号,利用74HC595实现串并转换,输出点阵显示需要的行列信号。

3片75HC595级联产生位控制和段控制信号,见图22-25。

3. 参考电路

LED点阵驱动电路如图22-25所示。

4. 参考程序

```c
#include < reg51.h >
#include < intrins.h >
sbit SRCLK = P3^6;
sbit RCLK = P3^5;
sbit SER = P3^4;
void Hc595SendByte(unsigned char dat);
void Delay(unsigned int );
unsigned char code LL[8] = {0x01,0x02,0x04,0x08,0x10,0x20,0x40,0x80};
unsigned char code RA[8] = {0x01,0x03,0x07,0x0F,0x1F,0x3F,0x7F,0xFF};
unsigned char code RB[8] = {0x81,0x42,0x24,0x18,0x18,0x24,0x42,0x81};
void Delay(unsigned int uiT)
{
    while(uiT -- );
}
void main()
{
    unsigned char i;
    Hc595SendByte(0x80);                 //LL,高亮
    Hc595SendByte(0x01);                 //RB,低亮
    Hc595SendByte(0x02);                 //RA,低亮
    while(1)
    {
        for(i = 0;i < 8;i++)
        {
          Hc595SendByte(LL[i]);          //LL,高亮
          Hc595SendByte(~RA[i]);         //RB,低亮
          Hc595SendByte(~RB[i]);         //RA,低亮
          Delay(860);
          //Hc595SendByte(0x00);         //LL,高亮
          //Hc595SendByte(0x00);         //RB,低亮
          //Hc595SendByte(0x00);         //RA,低亮
          //Delay(1);
        }
    }
}
void Hc595SendByte(unsigned char dat)
{
```

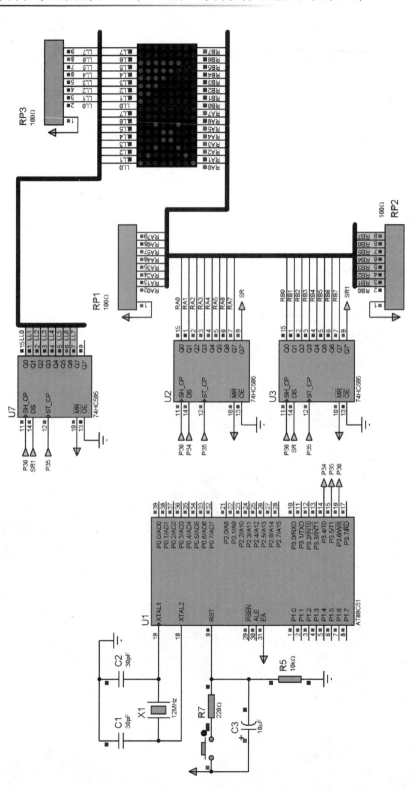

图 22-25 LED 点阵驱动电路

```
unsigned char a;
SRCLK = 1;
RCLK = 1;
for(a = 0;a < 8;a++)                    //发送8位数
{
    SER = dat >> 7;                     //从最高位开始发送
    dat <<= 1;

    SRCLK = 0;                          //发送时序
//  _nop_();                            //_nop_();
    SRCLK = 1;
}
RCLK = 0;                               //_nop_();_nop_();
RCLK = 1;
}
```

22.21 分频器

微课视频

1. 实验目的
用一个定时/计数器设计8路分频器,可应用于有多路不同定时周期要求的动态刷新、周期采样和周期控制系统。

2. 实验内容
用片内定时/计数器1产生基准频率信号,在中断处理程序中采用程序分频方式产生8路不同周期的信号,用LED组模拟显示,并用示波器观察输出波形。

3. 参考电路
分频器的参考电路如图22-26所示,其仿真结果如图22-27所示。

4. 参考程序

```c
#include < reg51.h>
unsigned int ucTimer;
unsigned int SucTimer;

sbit LED0 = P0^0;                       //LED 输出,闪烁
sbit LED1 = P0^1;
sbit LED2 = P0^2;
sbit LED3 = P0^3;
sbit LED4 = P0^4;
sbit LED5 = P0^5;
sbit LED6 = P0^6;
sbit LED7 = P0^7;

sbit SLED0 = P2^0;                      //示波器显示
sbit SLED1 = P2^1;
```

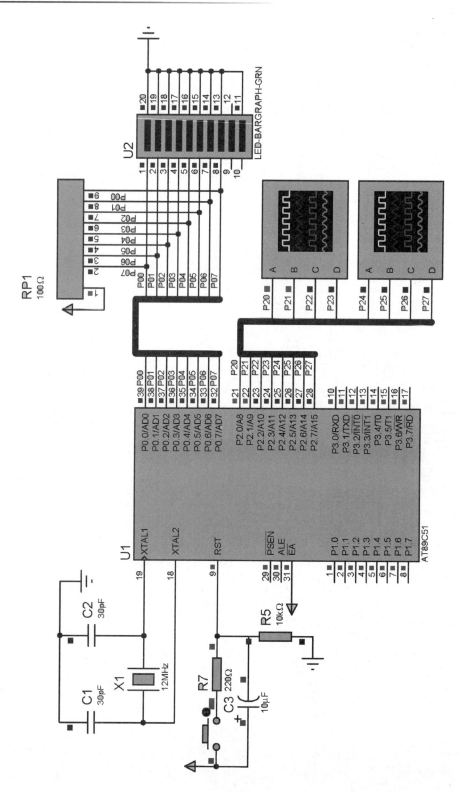

图 22-26 分频器参考电路

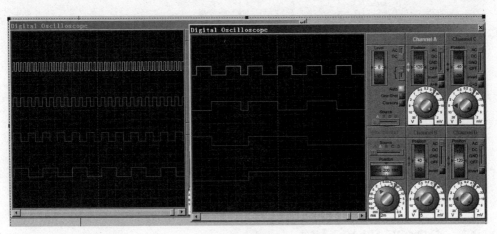

图 22-27 仿真结果

```
sbit SLED2 = P2^2;
sbit SLED3 = P2^3;
sbit SLED4 = P2^4;
sbit SLED5 = P2^5;
sbit SLED6 = P2^6;
sbit SLED7 = P2^7;

void vTIMER1() interrupt 3 using 2
{
  ucTimer = (ucTimer + 1) % 8;
  SLED0 = ~SLED0;                        //基准频率
  if(ucTimer % 2 == 0)
    {LED1 = ~LED1;SLED1 = ~SLED1;}       //2 分频

  if(ucTimer % 4 == 0)
    {LED2 = ~LED2;SLED2 = ~SLED2;}       //4 分频

  if(ucTimer % 8 == 0)
    {LED3 = ~LED3;SLED3 = ~SLED3;}       //8 分频

  if(ucTimer % 16 == 0)
    {LED4 = ~LED4;SLED4 = ~SLED4;}       //16 分频

  if(ucTimer % 32 == 0)
    {LED5 = ~LED5;SLED5 = ~SLED5;}       //32 分频

  if(ucTimer % 64 == 0)
    {LED6 = ~LED6;SLED6 = ~SLED6;}       //64 分频

  if(ucTimer % 128 == 0)
```

```
        {LED7 = ～LED7; SLED7 = ～SLED7; }          //128 分频
    }

    void main()
    {
        TMOD = 0x20;
        TH1 = 256 - 100;
        TL1 = 256 - 100;
        EA = 1; ET1 = 1;                    //开中断
        TR1 = 1;                            //驱动
        while(1);
    }
```

微课视频

22.22　RS485 双机通信

1. 实验目的

熟悉 RS485 通信接口芯片 MAX487 接口设计，理解半双工通信工作模式和程序设计方法。

2. 实验内容

当按下按键 K1、K2、K3 和 K4 时，主机发送 4 个不同的字符串（指令）给从机，同时以中断方式接收从机发来的字符，在 2 位 LED 上显示其 ASCII 码。

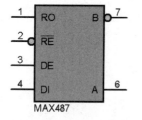

图 22-28　MAX487 引脚

接口设计中使用 RS485 接口芯片 MAX487，实现 RS485 和 TTL 电平转换，MAX487 引脚如图 22-28 所示。RO 和 DI 分别为 TTL 电平串行数据输出和输入端，$\overline{RE}$ 和 DE 为控制端，使用时连在一起，高电平使能发送，低电平使能接收。

用虚拟终端接收和发送，接口电路与仿真结果分别见图 22-29 和图 22-30。

3. 参考电路

主设备根据按键操作，发送字符串给虚拟终端，在虚拟终端显示。虚拟终端发送字符"8"，主设备接收，并显示其 ASCII 码 38H。

4. 参考程序

```
# include < AT89X52.h>
sbit Key1 = P1^4;
sbit Key2 = P1^5;
sbit Key3 = P1^6;
sbit Key4 = P1^7;
sbit SR = P3^2;
```

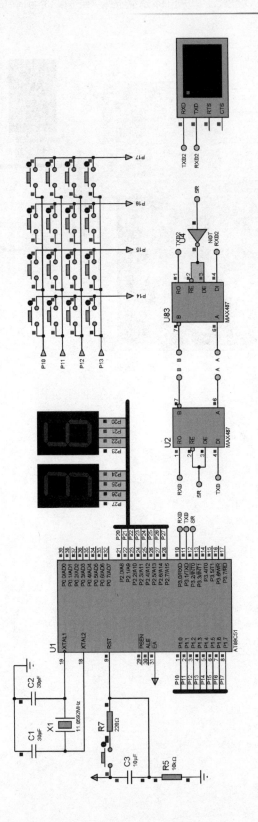

图 22-29 RS485 双机通信接口电路

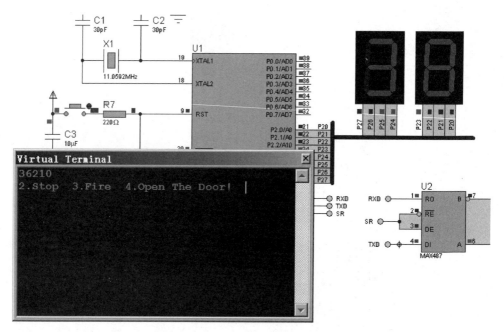

图 22-30　仿真结果

```c
unsigned char ScanKey(void)
{
    //***4×4矩阵按键扫描部分***
    //按K1～K16键,返回参数1～16
    P1 = 0xFE;
    if(Key1 == 0) return 1;
    else if(Key2 == 0) return 2;
    else if(Key3 == 0) return 3;
    else if(Key4 == 0) return 4;

    P1 = 0xFD;
    if(Key1 == 0) return 5;
    else if(Key2 == 0) return 6;
    else if(Key3 == 0) return 7;
    else if(Key4 == 0) return 8;

    P1 = 0xFB;
    if(Key1 == 0) return 9;
    else if(Key2 == 0) return 10;
    else if(Key3 == 0) return 11;
    else if(Key4 == 0) return 12;

    P1 = 0xF7;
```

```c
        if(Key1 == 0) return 13;
        else if(Key2 == 0) return 14;
        else if(Key3 == 0) return 15;
        else if(Key3 == 0) return 16;
         return 0;
}
void vDelay(unsigned int uiT)
{
   while(uiT -- );
}
void vRs232Send(unsigned char * ucD)
{
    unsigned char i = 0;
    SR = 1;                                  //MAX487 发送
    while(ucD[i]!= 0x00)
     {
        SBUF = ucD[i];                       //循环发送
        while(TI == 0);
        TI = 0;
        i++;
      }
    vDelay(1000);
    //SR = 0;接收状态
}
void UART_SER (void) interrupt 4
{
    unsigned char ucD;
    if(RI == 1)
     {
        ucD = SBUF;
        P2 = ucD;                            //接收字符显示
        RI = 0;
      }
}
unsigned char ucD[ ] = { '3', '6', '2', '1', '0', 0x0d, 0x0a, 0x00};
void main()
{
    unsigned char uckey, ucK = 0xff;
    TMOD = 0x20;                             //11.0952MHz,波特率 9600b/s,方式 1
    TL1 = 0xfd; TH1 = 0xfd;
    SCON = 0xd8; PCON = 0x00;
    TR1 = 1;
    EA = 1; ES = 1;
    vRs232Send(ucD);
    while(1)
    {
     uckey = ScanKey();
```

```
            ucK = 0xff;
            while(ucK!= 0x00)                    //等待按键释放
               {
                  ucK = ScanKey();
               }
            switch (uckey)
            {
              case 1: vRs232Send("1.Start \n");break;              //控制命令
              case 2: vRs232Send("2.Stop \n");break;               //控制命令
              case 3: vRs232Send("3.Fire \n");break;               //控制命令
              case 4: vRs232Send("4.Open The Door! \n");break;     //控制命令
            }
            SR = 0;             //不发送则处于接收状态
         }
      }
```

参 考 文 献

[1] 马忠梅,李元章,王美刚,等.单片机的 C 语言应用程序设计[M].6 版.北京:北京航空航天大学出版社,2017.

[2] 丁元杰.单片机原理与应用[M].北京:机械工业出版社,2005.

[3] 张毅刚,刘杰.单片机原理及应用[M].哈尔滨:哈尔滨工业大学出版社,2004.

[4] 张大明.单片机控制技术[M].北京:机械工业出版社,2006.

[5] 蒋力培.单片机原理与应用[M].北京:机械工业出版社,2004.

[6] 刘迎春.MCS-51 单片机原理与应用[M].北京:清华大学出版社,2005.

[7] 朱清慧.Proteus 教程[M].北京:清华大学出版社,2008.

[8] 李林功.单片机原理与应用[M].北京:科学出版社,2016.

[9] 崔华,蔡炎光.单片机实用技术[M].北京:清华大学出版社,2004.

图 书 资 源 支 持

感谢您一直以来对清华版图书的支持和爱护。为了配合本书的使用,本书提供配套的资源,有需求的读者请扫描下方的"书圈"微信公众号二维码,在图书专区下载,也可以拨打电话或发送电子邮件咨询。

如果您在使用本书的过程中遇到了什么问题,或者有相关图书出版计划,也请您发邮件告诉我们,以便我们更好地为您服务。

我们的联系方式:

地　　址:北京市海淀区双清路学研大厦 A 座 714

邮　　编:100084

电　　话:010-83470236　010-83470237

客服邮箱:2301891038@qq.com

QQ:2301891038(请写明您的单位和姓名)

资源下载:关注公众号"书圈"下载配套资源。

资源下载、样书申请

书 圈　　　　获取最新书目

观看课程直播